什么是化学工程？

WHAT IS CHEMICAL ENGINEERING?

贺高红　李祥村　编著

图书在版编目(CIP)数据

什么是化学工程? / 贺高红,李祥村编著. -- 大连:大连理工大学出版社,2021.9

ISBN 978-7-5685-2988-4

Ⅰ. ①什… Ⅱ. ①贺… ②李… Ⅲ. ①化学工程一普及读物 Ⅳ. ①TQ02-49

中国版本图书馆 CIP 数据核字(2021)第 071881 号

什么是化学工程?

SHENME SHI HUAXUE GONGCHENG?

出 版 人:苏克治

责任编辑:于建辉 孙 楠

责任校对:康 宁

封面设计:奇景创意

出版发行:大连理工大学出版社

(地址:大连市软件园路 80 号,邮编:116023)

电 话:0411-84708842(发行)

0411-84708943(邮购) 0411-84701466(传真)

邮 箱:dutp@dutp.cn

网 址:http://dutp.dlut.edu.cn

印 刷:辽宁新华印务有限公司

幅面尺寸:139mm×210mm

印 张:5.5

字 数:88 千字

版 次:2021 年 9 月第 1 版

印 次:2021 年 9 月第 1 次印刷

书 号:ISBN 978-7-5685-2988-4

定 价:39.80 元

出版者序

高考，一年一季，如期而至，举国关注，牵动万家！这里面有莘莘学子的努力拼搏，万千父母的望子成龙，授业恩师的佳音静候。怎么报考，如何选择大学和专业？如愿，学爱结合；或者，带着疑惑，步入大学继续寻找答案。

大学由不同的学科聚合组成，并根据各个学科研究方向的差异，汇聚不同专业的学界英才，具有教书育人、科学研究、服务社会、文化传承等职能。当然，这项探索科学、挑战未知、启迪智慧的事业也期盼无数青年人的加入，吸引着社会各界的关注。

在我国，高中毕业生大都通过高考、双向选择，进入大学的不同专业学习，在校园里开阔眼界，增长知识，提

升能力，升华境界。而如何更好地了解大学，认识专业，明晰人生选择，是一个很现实的问题。

为此，我们在社会各界的大力支持下，延请一批由院士领衔、在知名大学工作多年的老师，与我们共同策划、组织编写了“走进大学”丛书。这些老师以科学的角度、专业的眼光、深入浅出的语言，系统化、全景式地阐释和解读了不同学科的学术内涵、专业特点，以及将来的发展方向和社会需求。希望能够以此帮助准备进入大学的同学，让他们满怀信心地再次起航，踏上新的、更高一级的求学之路。同时也为一向关心大学学科建设、关心高教事业发展的读者朋友搭建一个全面涉猎、深入了解的平台。

我们把“走进大学”丛书推荐给大家。

一是即将走进大学，但在专业选择上尚存困惑的高中生朋友。如何选择大学和专业从来都是热门话题，市场上、网络上的各种论述和信息，有些碎片化，有些鸡汤式，难免流于片面，甚至带有功利色彩，真正专业的介绍文字尚不多见。本丛书的作者来自高校一线，他们给出的专业画像具有权威性，可以更好地为大家服务。

二是已经进入大学学习，但对专业尚未形成系统认知的同学。大学的学习是从基础课开始，逐步转入专业基础课和专业课的。在此过程中，同学对所学专业将逐步加深认识，也可能会伴有一些疑惑甚至苦恼。目前很多大学开设了相关专业的导论课，一般需要一个学期完成，再加上面临的学业规划，例如考研、转专业、辅修某个专业等，都需要对相关专业既有宏观了解又有微观检视。本丛书便于系统地识读专业，有助于针对性更强地规划学习目标。

三是关心大学学科建设、专业发展的读者。他们也许是大学生朋友的亲朋好友，也许是由于某种原因错过心仪大学或者喜爱专业的中老年人。本丛书文风简朴，语言通俗，必将是大家系统了解大学各专业的一个好的选择。

坚持正确的出版导向，多出好的作品，尊重、引导和帮助读者是出版者义不容辞的责任。大连理工大学出版社在做好相关出版服务的基础上，努力拉近高校学者与读者间的距离，尤其在服务一流大学建设的征程中，我们深刻地认识到，大学出版社一定要组织优秀的作者队伍，用心打造培根铸魂、启智增慧的精品出版物，倾尽心力，

服务青年学子，服务社会。

“走进大学”丛书是一次大胆的尝试，也是一个有意义的起点。我们将不断努力，砥砺前行，为美好的明天真挚地付出。希望得到读者朋友的理解和支持。

谢谢大家！

2021 年春于大连

前　言

什么是化学工程？很多人对这个专业名称感到陌生而神秘。

随着科技进步与发展，人们对科学世界的探索从实验室小型实验发展到大规模工业生产，化学工程的概念应运而生。其中，对于放大实验而言，一大技术性难题就是装置的扩大，而原本小型实验反应发生的物质流动、热量传递、质量转移等化学过程随着装置放大发生了数量级的变化。化学工程的核心研究就是以物理学、数学、化学以及经济学等学科知识为理论基础，去解决这由“小”变“大”的反应体系中所涉及的过程设计、反应堆设计和运行等工业生产问题。

美国化学工程师协会定义，化学工程是指工程中使

材料在组成、能量或聚集状态上发生变化的工程。尽管大多数人对工业生产不甚熟悉，但化学工程其实已经悄无声息地融入全人类最简单的衣、食、住、行。我国企业每年合成纤维的产值约占整个世界市场份额的60％；肥料与农药等农用化学品生产的发展极大提升了农作物产值，使粮食产品从中华人民共和国成立时1亿吨的年产量提升到如今的6.5亿吨；每年高达20亿平方米的新建房屋结构建筑，钢筋、水泥、涂料、塑料等建筑和装修工程材料来自不同化学工业技术领域；在交通方式、出行服务方面，化学工业提供了重要动力所需要的汽油、柴油、新能源汽车电池。

随着社会科技的不断进步，国内外学者对化学工程学科的研究不再局限于单元操作和传递原理这两大传统阶段，而是把越来越多的目光聚焦于化学工程的未来发展趋势。随着环境、经济、能源及工业需求等的发展，化学工程正逐步迈入提供高新科技知识的新阶段。而关于这一新阶段的发展目标和核心思想，尚未形成共识。理论、实验和计算多维度探索，提高量化水平，加强创新性、产业性和环保性是化学工程学科发展的立足根本。

时代变迁，从筚路蓝缕发展至今，我国已经成为全球重要的石油和化工大国，占据全球市场份额的40％。比如在被誉为“石化工业之母”的乙烯生产方面，2020年我国乙烯产能超过 3 000 万吨，是仅次于美国的世界第二大乙烯生产国。2020 年，我国石油和化工行业实现营业收入 11.08 万亿元，利润总额达 5 155.5 亿元。正如《中国石油和化学工业碳达峰与碳中和宣言》所指出的，我国建成了世界最完整、最齐全的石油和化学工业体系，使用了世界先进的工艺、装备、流程和技术，节能环保水平进入世界先进行列。人们愈发意识到科学与技术发展规划战略研究工作对于经济发展和国家综合实力的重要性。更重要的是，化学化工与生态环境、能源需求乃至人类衣食住行都息息相关，这是国内外化工人所共同肩负的使命与责任。

前沿学科的发展和新兴产业的萌芽是化工界面临的新的挑战和机遇，传统化工行业如何升级再造？建设绿色化工、智慧化工是必经的转型趋势，将化学与化工从微纳米尺度对接，依靠学科交叉，将传统化工拓展到更多应用领域。目前，我国大力支持产业转型与创新发展平台，发展新材料、新能源、生物医药等新兴产业无一不与化工密切相关。化学工程专业的发展也带动了其他领域。简单地举个物流运输的例子，液体化工产品的运输占据中国道路运输量近三分之一，虽然这些看似距离人们日常生活非常遥远，但不可否认我们的生活中几乎处处都有化工产品，它推动了中国社会乃至世界市场经济的不断

发展。中国物流与采购联合会危化品物流分会资料显示,2020年中国化工物流市场份额超过2万亿元;预计到2021年年底,市场规模将达到约2.24万亿元。现有化工行业领域里,所有的危化品都需经过特殊物流来运输,于是危化品运输业发展应运而生。

作为具有悠久传统历史的传统工业行业,化学工业是国家的基础产业和支柱产业。从某种意义来讲,化工对于国家实力的重要性就如同青少年对于民族的希望。化学工程技术推动中国社会主义经济的发展,并切实有效地改善了民生问题。青少年是国家和民族的希望,也是社会进步的灵魂。本书不仅涵盖传统化学工程的基本内容,还介绍了化工新材料、新能源等前沿领域。旨在向更多渴望学习和发展的学生及非业内人士科普化学工程的相关理论知识,将传统的化工企业和前沿技术领域的化工进展生动、具体地加以阐述,深入浅出地介绍给更多读者。从全新的视角更加形象地诠释化学工程技术及其对社会科学的影响,从而让更多人感受到不一样的、有魅力的化学和化工,同时吸引更多的青年学者和大学生投身化学化工的学习和研究。

编著者

2021年8月

目　录

化学工程的发展史及地位

绿水青山就是金山银山。

——习近平

▶▶化学工程概述

化学工程是一个集传统、创造、发展、挑战于一体的重要工科领域，具有技术密集、人才密集和资本密集的特征。在当今社会，特别是现阶段化工向“绿色化工”清洁道路转型的过程中，学科知识的交叉渗透和产品产业的相互交融都促使化学工程体系和专业领域不断地更新完善。

你眼中的化工是怎样的？浓烟滚滚，废水横流？或

是毒气四溢，环境污染？

传统化学工程研究的工业范畴如图 1 所示，很多人印象中的化工生产如图 2 所示。

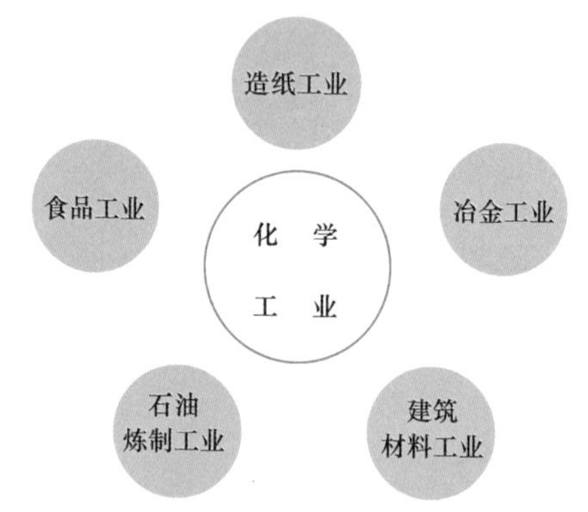

图 1　传统化学工程研究的工业范畴

图 2　很多人印象中的化工生产

不！化工不是这样的！化工有绿树成荫的工厂、干净整洁的生产线、安全有力的保障措施，还有课堂上的引导与教诲、实验室中的钻研与探索、自习室里的奋发与灵感、职场上的发展潜力与核心竞争力……现代绿色化工厂及清洁整齐的中央控制室如图 3 所示。

图 3　现代绿色化工厂及清洁整齐的中央控制室

➡➡化学工程涉及领域

✣✣化学工程的桥梁作用

化学工程研究者所涉及的科学领域十分广泛，从原子、分子到设备、过程，不同尺度的研究对象均是化学工程领域需要掌握的范畴。现代化学工程领域涵盖的方向很多，包括石油炼制、冶金制造、海水处理及淡化、生物技术发酵等。农药、化肥、添加剂、润滑油、合成纤维、合成橡胶、塑料、水泥、玻璃、钢、铁、铝、纸浆等，都是我们常见的化工产品。化学工程与工艺实则是一个变废为宝的过

程，将普通易得的原材料通过化学及物理变化，改变材料的本征属性从而获得具有更高价值和性能的产品。反应发生的过程往往伴随着流动、传质和传热，这就不得不提到化学工程领域著名的“三传一反”。“三传”为动量传递（包括流体流动和输送、颗粒的过滤和沉降、固体流态化等，这些过程遵循流体动力学基本规律，如流体连续性方程、N-S方程、机械能衡算方程等）、热量传递（包括加热、冷却、蒸发、冷凝、热辐射等，遵循如傅立叶定律、牛顿冷却定律等热量传递基本规律）和质量传递（包括蒸馏、吸收、吸附、干燥、萃取等，遵循质量传递基本规律，如费克定律等），“一反”为化学反应过程。以上都是化学工程的研究领域。通过实验、分析、理解和阐述其规律性，结合理论，将其应用于生产工艺和设备的设计开发、参数设置操作，从而实现效率最大化和产品最优化。

化学工程所涵盖领域及工程基础如图4所示。

❖❖化学工程的“放大效应”

科技产业化是推动国家发展的重要基石，而在实际工业生产中所面临的关键问题是从实验室小规模设计到工业大规模生产的挑战。小至参数设置，大到装置改良，每一步都蕴含着科学思想。装置放大才能实现大规模生产和经济效益的提升，从而降低成本，减小土地使用面

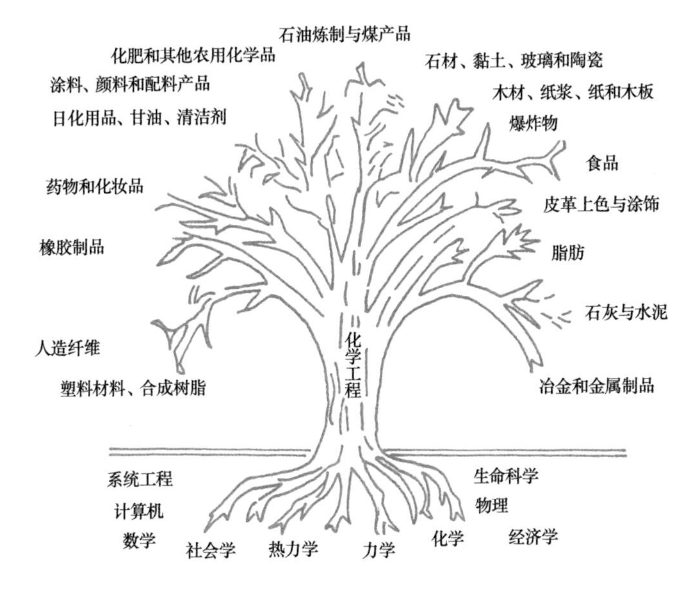

图4 化学工程所涵盖领域及工程基础

积,最大限度利用资源和能源。但伴随着装置的放大,一些在小规模实验中容易被忽略的小问题被无限放大,此外,小型设备中的温度、浓度、物料停留时间的分布情况都与大型实验设备有所不同,从而导致了反应过程中伴随的物料流动状态、传热速率、传质过程等因素和条件发生变化,这种由放大反应过程引起的效应称为“放大效应”。通过小型设备展开化工生产的相关实验并得到研究结果,当投入大型装置进行生产时,即使在完全相同的

实验条件下进行操作，得到的结果也与小剂量实验有很大差别。因而，借助物理、化学和数学等学科知识，采用各种实验方法和分析手段，参考化学工艺流程，分析原理，更能有针对性和科学性地去解决实际工业生产中所面临的问题。

➡➡化学工程学科的包容性

化学工程最具代表性的内容是单元操作、传递过程与反应工程。单元操作指的是将生产多种化工产品的物理过程简单归纳为有限的几种工艺设计阶段，例如蒸馏、吸收、流体输送、换热、蒸发、萃取、干燥、结晶等。而对大量单元操作研究的共同问题，即可化零为整地作为生产和设备设计的指导思想。可以说，单元操作是化学工程的基础，是生产过程和装备设计、制造和操作控制综合需求的体现。从20世纪初对化学工程的认知只局限于单元操作到如今不断适应新技术要求和充实完善新的单元操作，化学工程体系的发展具有极为重要的理论意义和应用价值。化学反应决定了产品的收率，是化工生产过程的核心，与之相关的诸多复杂因素都对整个化工生产成本有着重要影响。在单元操作和传递过程研究成果的基础上，发现了工程范畴的共性问题，例如反应相内外的传质和传热、反应器的返混和稳定性等变化及其对反应动力学的影响，这些林林总总有待深入研究理解的问题又构成了化学工程的一个新分支——反应工程，从而进一步充实了化学工程的内容。

随着单元操作和反应工程研究的深入，一些看似本质相似但表现大相径庭的实验现象屡见不鲜，传递过程和化工热力学成为化学工程学科的重要分支，也是化学工程的研究基础。因此化学工程在解决实际科学技术问题时，需密切结合理论和实际：立足于理论基础研究传递过程和化工热力学，并进一步推测传递过程的方向和发生的极限条件，为反应工程以及单元操作的工业生产提供理论指导。

介质是化学反应工程、分离工程所必需的，而新型绿色反应介质代替传统有毒有害介质是发展绿色化工亟待解决的科学问题。在这方面，超临界二氧化碳、水、离子液体作为新型绿色介质，已成为国际化工科技发展的关注热点。介质问题的思考使传统化工中被忽略的颗粒、气泡等物料尺度效应得到研究者的关注，微化工系统的研究应运而生。其特征尺度在微米和亚毫米量级，系统的表面动态行为和界面性质成为研究的主要突破方向，在长期探索和拓展的过程中，从局部问题拓展到宏观问

题，再向微观世界过渡转化，面临一系列关键的科学问题，改进完善了传统的“三传一反”。

除了科学问题本身，当工业生产逐步进入人们生活中时，生产规模的扩大和资源的大量使用所触发的一系列连锁问题亦不容小觑。因此有必要将化工过程看作一个综合系统，并建立起整体优化的概念。每个单元过程的相互制约和影响又促进了新学科的发展，即系统工程，以实现过程动态的合理操作和控制方法的优化。从长远来看，应对传统资源枯竭和环境污染的问题，有效利用可再生资源，将成为化学工程可持续发展的方向，而以生物催化转化为核心的生物科技也将成为未来发展的方向之一。随着全球经济化和信息化的快速发展，化工高科技新产品功能个性化要求也将不断提升，分子科学工程、产品工程也将带动纳米材料和技术应用的发展。

化学工程是非常复杂的学科，反应物系和反应过程往往是多样且互相影响的，而物系流动的边界效应更是相对抽象又难以确定的，反应机理的复杂性、传质及耦合过程的复杂性、微观现象和小尺度的不确定性都使化学工程的研究变得丰富而深刻；化学工程也是非常兼容的学科，它的创造和突破离不开生命科学、材料科学、信息科学等高新技术领域的储备；化学工程还是个综合全面的学科，与资源、能源、化工、冶金、电子、生物、制药、化肥等过程工业紧密相关，也需要各种催化、分离；化学工程又是兴趣与实力并存的学科，化学工程支持着高新科技的衍生和发展，制备各种高性能材料，如超细、超高能、超结构、高耐热、高耐寒、高强度、高超导、高耐磨、高气封和自组装材料，以满足先进制造业发展的需要。化学工程可以为你打开一扇有趣的大门，从介微观多尺度、多维度、多角度重新观察这个你所熟悉的世界。

化学工程是一门工程信息技术学科，它主要研究化工生产过程所遵循的基本规律，并运用这些规律来解决实际生产中遇到的各种化工与非化工的问题；化学工程也是研究化学和其他工艺、工业生产中化学和物理过程的常见规律的工程学科。学科的发展不仅是知识的堆砌，更多的是思维的迸发。走进化学工程，以工程思维去探索这个世界，也许你会对生活有些不一样的见解。

▶▶化工与人类文明

➡➡衣食住行与化工

知乎上有个问题："一个国家能不能没有化工产业？"回答是："能，但是大国不能，至少中国应该鼓励良性可持

续发展。”

从以火器为主的原始时代到人造物质的现代社会，人类一直享受着化工产业的成果。化学工程技术保证我们人类的基本生存，促进经济发展，提高人类的生活质量，与人类文明密切相关。化工与环境、化工与生命、化工与材料、化工与生活、化工与医药营养、化工与哲学、化工与信息乃至人类社会都有着紧密的联系。

❖❖化工与人类生活密不可分

化工可以解决生活中跟材料有关的问题。

以“衣食住行”为例：穿的方面，衣服在制作过程中，使用了合成纤维、染色等化学工序；吃的方面，除食品添加剂外，粮食生产离不开化肥、农药和农膜等，没有化工产业，就没有现代农业，地球就不可能承载70多亿人口；住的方面，化工材料的提升，能减少建筑外墙的热损失和建筑能耗，如水立方的墙体使用聚四氟乙烯材料；行的方面，化工提供了飞机、轮船、汽车的燃料，提供了机场跑道用材料、高等级公路沥青材料等。现代生活与化工紧密相连、不可分割，化工是人类生存的支柱，也是社会存在和发展的动力。

除了“衣食住行”，化工还适用于生活的其他方面。

女生使用的口红、遮瑕膏、保湿剂等化妆品是各种化学混合物，居家使用的香水是香气化合物、溶剂、精油和固定剂的混合物，废水主要通过絮凝剂、消泡剂、pH 中和剂和凝结剂四种化学物质进行处理。

✣✣化工与新材料

化工是新材料发展的基石，美国将新材料称为“科技发展的骨肉”。我们熟知的纳米材料、芯片、光刻胶、导电材料、燃料电池、锂电池、太阳能光伏、3D 打印新材料都依赖于化工的研发和生产。新形态化工致力于解决能源、材料、信息、环境、健康等领域的“卡脖子”难题，以绿色、智能、大数据、大健康理念为特征，前景广阔。

用矿石冶炼多种金属，利用海洋环境资源提取盐类和其他有用的物质，以空气、水、石油、煤炭等为主要原料去制造塑料、合成纤维、橡胶、化肥、农药、染料、洗涤剂以及社会医疗保障药品……我们在不知不觉中已经习惯了化学工程研究成果带来的生活质量的提升。

综上所述，化工产业具有专业口径宽、覆盖面广、技术密集、人才密集、对经济社会发展有重要作用等特性，对于有志于该专业的学子来说，具备广阔的就业前景和发展空间。

不难发现，化学工程不同领域的发展直接或间接地关系到人类经济社会的发展，引领着现代物质文明和精神文明，对人类社会、经济、能源、环境等诸多方面产生深远影响。

➡➡化工制造新产品

自然界中大概有 $10^7 \sim 10^{200}$ 种可以通过人工合成的物质，这对人类福祉起到了巨大的推动作用。化学工程在生产、生活等方面是一门极具价值的学科。通过化学工程专业知识的学习和运用，我们可以更好地解释生命和生产中现象的根本原因，从而控制这些变化，消除或降低有可能引发的危害，并使变化向我们所期望的方向进行。比如，面对地球上常用的矿产资源、化石能源面临枯竭的问题，我们可以依赖化学工程专业知识对可再生资源和清洁能源进行有效转化利用，当我们掌握了能源的根本原理时，就可以更合理地使用燃料及资源，可以从自然界中提取，或利用自然物质制造出很多自然界不存在的物质。因此，化学工程专业知识为能源短缺的现状提供了解决方案，使人类社会得以实现持续循环的发展。

其实人体本质上就是一个小型化工厂，很多生理过程都可以借助化学工程专业知识进行分析，比如人体内部热调节就与传热原理吻合，也可以通过化学工程专业知识改善身体健康状况，可以借助传质原理研究潜水病，通过化工原理中停留时间分布的概念研究药物释放与疗效分析，人工心肺机的研制也应用了非牛顿流体流动和渗析原理……由此可见，可以应用化学工程专业研究的成果去探索生命现象的奥秘，研究新的生产流程，研制新材料，开发新能源，保护和改善人类生存的环境，带动农业发展，增加食物和营养品，同时也可以带动物理、生物、地理、天文等自然科学的进一步发展。总之，化学工程专业与社会生活、生产都有着极其广泛的联系，对于我国实现工业、农业、科学技术现代化具有重要的作用。

从社会发展来看，农业、工业、国防和科学技术现代化离不开化工的辅助。化工的成就促进农业大幅度地增产，农、林、牧、副、渔各业也随之得到了全面发展，化肥、农药、除草剂和各种动植物生长激素等化学产品也应运而生。提高了农业产量，实现了耕作方法的更替发展。在工业现代化和国防现代化方面，金属材料、非金属材料和各类功能高分子材料的研发，煤、石油和天然气的开发炼制和综合利用，无不包含着化学工程的巨大贡献。

化工为人类文明的进步和发展做出了不可磨灭的贡献，但随着人类物质生活水平的提高，化工在某种程度上

对人类文明造成了一定的威胁。化工生产给环境和人类的健康带来了一定的危害，大量温室气体的排放、各类化工有机尾气导致全球变暖、臭氧层破坏和酸雨等环境问题正在严重威胁着人类的生存和发展。例如，当大气中的二氧化硫与颗粒物表面的锰和铁等金属离子接触时，将进行催化氧化而生成硫酸盐，二氧化硫会氧化并腐蚀金属材料和建筑物。因此，从“粗放型”到“集约型”战略转向，清洁友好的绿色化工才是与人类文明共生共存的长远发展之策，亦是21世纪化工技术与化学研究的热点和重要科技前沿。

➡➡神奇的化工现象

化学工程构成了人类认识和改造自然的强大力量，是一门实用与创造并存的中心科学。化学工程在工业生产和基础科学两个层次都占据着中心地位，各学科方方面面都以化学工程为核心知识进行交叉连接。对谈之色变的噬菌体病毒进行基因修饰，使其具有发电能力，成为提高锂电池功率的电池材料；墨鱼汁纳米粒子与无机材料通过“旋转-填充”的组装方式，制备太阳能驱动界面蒸发器件，提高海水淡化效率；仿生思想模仿鱼鳃不堵塞和荷叶超疏水性的结构，对微孔膜进行化学改性，进而实现有发展前景的高盐水综合处理技术;氯化钠因其生物相容性优势可以作为电解液,用于"汗液自充电"超级电容器的制备,除了用作自动充电表带和腕带外,它还可以在用户锻炼时自动充电,并驱动手表和计步器等常见电子设备。

化学工程是一门支撑国民经济发展的重要学科,它拓宽了人们对生产、生命的认知,提高了对事物本质的见解,推进了人类文明的发展,贯穿了自然环境科学与社会经济发展的道路。

▶▶化工在国民经济中的地位

➡➡化工是我国基础产业

回顾中国历史,中华人民共和国第一代领导集体在取得全国政权后就及时布局国家工业化发展强国的战略,实现中华人民共和国工业化强国之路。

中华人民共和国成立之初,党和中央政府提出了"以农业为基础,工业为主导"的国民经济建设规划。2018 年,中国工业产值占据全球 30%,在世界遥遥领先,且以可观的增速持续增长。可以说化工是我国国民经济重要的支柱产业。与此同时,中国也在加快建设化学工业园基地并

扩展规模，外国企业全方位进入中国市场的步伐也在加快，预示着我国的化工产业已开始步入一个全方位、多层次、宽领域改革开放、竞争与发展的新阶段。

中国是一个化工大国，经过七十多年的发展，化工产业已成为我国的基础产业和支柱产业之一，包括石油化工、精细化工、化学矿产资源、化肥、橡胶加工等 12 个主要行业，在国民经济中具有举足轻重的地位。

经济的发展，煤、石油等不可再生资源的衰竭和日益严重的环境污染，均促使我国石化和化工产业的需求从生存型到生活型并逐渐向生态型转变。因而有人认为随着信息等高新技术产业的兴起，传统的化工产业已经进入了衰退期，更有人认为 21 世纪的化工产业已成为“夕阳产业”。

国家想要发展与强大，必须有充裕的物质基础。化工是解决人们的衣食住行等基本问题、实现物质财富的基础工业。

无论是塑料、涂料、香水、汽油这些生活常见品，还是人工血管、皮肤这类高科技先进医疗材料，甚至是航天用的隐身材料等军工类尖端产品，都是化工产品。农业的发展与化工密不可分，从播种施肥到收获进而加工成农副产品，都有化工的参与。据统计，化肥对农业增收的贡献大于30%，因而与化工相关的化肥、农药对农业丰收丰产、保证粮食安全有着重大意义，同时农业的发展也间接带动就业和经济发展；医疗方面，在刚过去的疫情肆虐的2020年，药品的研发显得尤为重要，而药物的制备合成甚至生产药品的反应釜，都是化工重要的分支组成。当下，国民健康和药品检测的要求越来越高，我们应通过工程手段寻找更为高效、便利和健康环保的制药方法，这主要还得依靠精细化工领域对反应中间体的研究和优化；住行方面，与化工相关的建筑材料、绝热隔音等涂料要求，以及汽车的橡胶轮胎、钢铁和新能源系统的快速发展都是化工技术推动经济发展的写照。

油价飞速上涨的困境反而更加凸显化工的优势。为解决油价上涨问题，寻找价格低廉、清洁环保的替代品势在必行，这必将以化工为基础。无论是与可取代石油和传统化工产物相关的高新技术，还是生态经济需要的高端技术和清洁资源，实则都以化工为基础和支撑。化工科学与技术是国民经济的支柱及高科技产业的支撑，在21世纪必将持续高速发展。比如，在传统的食品、农牧业、环境、建筑等方面化工仍有着不可替代的作用，而且在新兴学科中，像信息、生命、新材料、能源、航天等领域，

离开化工的支撑，将举步维艰。因此，化学、化工不可能走向衰落。

➡➡化工发展彰显国家综合实力

我国人口基数大，化工技术和生产装备起步晚，相对落后，资源、能源的利用率不高，原料和技术对外依存度高（如钾肥对外依存度高达 70%，铁矿石对外依存度高达 60%，石油对外依存度高达 58%），严重制约了我国经济和社会的发展。因而提升化工创新生产力，解决核心技术是我国经济发展的重中之重，也是当前化工发展的挑战与机遇。从生态环保的角度考虑，能源化工、环境化工、资源化工和生物化工都是研究热点；从人类发展与进步的角度考虑，精细与医药化工、材料化工亦是重点规划的前沿科技。

传统石化工程面临着转型和结构调整，极具市场竞争力的化工新材料和高端化学品领域的市场发展前景呈现可观趋势，其较高的技术含量也成为引领行业发展的风向标。发展战略性新兴产业的策略给新型化工材料的发展提供了条件和机会，特别是国民经济和国防军工领域对高尖端技术的需求。我国化工建设是市场中需求增长最快的领域之一，化工产品的消费年均增长都在 10%

以上,“十二五”更是推动了我国化工新材料产业的发展。然而受制于科学技术水平,占据化学品总量近一半的高性能和环保型的高端专用化学品严重依赖进口。很遗憾的是,目前我国的化工产业依然是产品自给率最低的行业,迫切需要相关人才带动该产业的发展。

一直以来,经济学家都颇为关注进出口贸易与经济增长的关系。李嘉图的“比较利益理论”以及英国经济学家罗伯特逊“对外贸易是经济增长的发动机”的命题,都阐述了对外贸易能够显著地促进经济增长的观点。若能持续发展化工产业,掌握更多高新科技和制造工艺,从而改变我国出口产品整体结构层次,将中低端产品供大于求、产能过剩而高端核心产品依赖进口的现状扭转,不仅对国民经济发展有着举足轻重的作用,更能彰显国家的综合实力。

化工产业的发展程度已然是国家工业化水平和现代化程度的评判标准。随着各领域高新信息技术的迅猛发展,目前我国的化工产业也正经历着一场深刻的变革,其重要特征是精细化工和化工新材料的比重逐渐提高。

经济发展,归根结底是创新和科技的发展。化工体现了一个国家的经济实力和工业基础,从国际上来看,凡

是化工生产力强、技术水平高的国家，基本都是发达国家。目前世界化工产品年产值已超过1.5万亿美元，化工门类繁多、工艺复杂、产品多样。因此，化工产业的发展速度和规模也会间接带动其他领域的发展，对国民经济产生直接而深刻的影响。

▶▶化学工程发展过程

➡➡天然物质与早期化工

早期化工的概念包含了化学工业、化学工程、化学工艺，这些概念在化学工程的发展历程中具有一定连续性，出现于不同历史时期，看似相似又各有侧重，彼此关系密切，相互渗透，并随着发展不断被赋予新的意义。

人类早期的生活更多依靠直接使用天然物质，当这些物质的固有性能无法满足人类的需求时，人们开始有意识地、有目的地将容易获得的天然物质转化为新的物质来满足需求，就产生了各类加工技术，并随着需求的增加在工业生产中逐渐实现大规模的制备。广义上来讲，无论是否有新物质生成，只要是涉及用化学方法进行改变物质组成或结构的，都属于化工生产技术，也就是通过化学工艺，所得的产品被称为化学品或化工产品。

早期通过简单的工艺或技术手段生产化学品的方式称为手工作坊，之后随着生产规模的逐步扩大，演变为生产车间或加工厂，并形成一个特定的生产部门，即化学工业。随着生产力的发展，有些生产部门，如炼油、造纸、冶金、制革等，已作为独立的生产部门从化学工业中划分出来。早在1887年，戴维斯在英国曼彻斯特工学院针对化学工程问题做了一系列演讲，但当时缺乏数据和更全面的认识，只对化学工程有了定性的介绍。紧接着在1888年，以诺顿为首的美国麻省理工学院学者，设置了关于应用化学工程教育问题的研究委员会，并于同年12月做出设置化学工程课程的决定，世界上第一次有了"化学工程"这门课程。学科体系的形成、单元操作概念的提出算是化学工程发展过程的第一历程，从最初汽车工业和石油炼制工业的推动，到第二次世界大战的爆发，化学工程的研究也转为满足战争需求（如催化裂解、曼哈顿原子弹工程计划等），催化裂化反应器和再生器之间大量固体催化剂的运输也使人们意识到放大反应过程必须要对内在规律有全面深刻的了解。

➡➡不同时期的化学工程发展

✣✣化学工程的发展过程

化学工程的发展过程大致可分为四个阶段。

萌芽时期。现代化工生产始于 18 世纪的法国。仅仅表现为专有技术，以研究某一产品的生产技术为对象，形成了各种工艺学，如纯碱工艺学、硫酸工艺学等。

奠基时期。化学工程（又称单元操作）作为一门新兴的科学始于 19 世纪末 20 世纪初的美国，基于大规模的石油炼制。1923 年，美国华克尔编写了 *Principle of Chemical Engineering*。这个时期明确提出了单元操作的概念，开设了化学工程与设备课程，该时期的化学工程仍以实验和经验为主。例如：蒸馏、吸收、萃取、蒸发、干燥、传热等。

化学工程学时期。20 世纪 50 年代，随着各类单元操作之间内在本质规律的揭示，从传递学水平上研究单元操作，建立了“三传一反”的概念。这个时期开始系统地研究传递现象，建立了传递过程的基本概念，揭示了传递过程的本质和传递过程遵循的共同基本规律，化学工程从技术走向科学。

现代化学工程时期。20 世纪 60 年代末，计算机的应用、系统工程学的应用，使化学工程进入全新时期。人们开始利用系统工程学的观点全面研究原料、能源、环保等诸方面的合理利用及其相互影响，化学工业可持续发展的战略推动化学工程向更高阶段发展，并出现了化学工程与不同学科的交叉发展（化工＋医学、化工＋材料、化工＋能源等）。

可以看出，早期化学工程的研究方法都是通过经验积累，不断地从尺度和维度上扩大试验，并总结探索放大的规律。这种经验方法耗时、费力、效果差，不具备科学指导思想。自 20 世纪 50 年代起，高速电子计算机的发展突破了过去人们不能解决的复杂工程问题，数学模型方法被广泛应用到化学反应工程中，为化学反应规律与规模生产装置中的传递过程规律的综合分析处理提供了可能性，因而“三传一反”概念的形成，也标志着化学工程的发展进入了新的科学历程。

新兴技术与化学工程

在之后十几年的发展中，随着反应工程的开拓，计算机用于解决化学工业过程更为规则化和设计化，促进了化学系统工程的发展，是化学工程决策的有力工具。大型炼油工业和石化工业蓬勃发展，化工方式结合化学、物

理、数学等科学理论基础和工程实践经验，研究化工生产过程的规律，为了解决生产规模化和大型化中的许多工程问题，摆脱过去的经验/半初级阶段，进入理论研究和预测的新状态，推动了化学工业生产发展到更高的水平。随着工业规模不断壮大，化学工程随之迅猛发展。随即更多理论基础和相对成熟的数学模型被提出和应用，逐步完善传统的化学工程体系。

新兴技术领域的出现使化学工程的规模经济发展越来越壮大，面临着环境污染和能源紧缺等诸多挑战，化学工程的各分支学科蓬勃发展并结合起来。为了减少能耗，化工热力学研究中状态方程和相平衡关联分析获得了进展；高分子化工和生物化工的发展也推动了传递过程研究；参与反应的复杂反应体系的集总动力学方法和聚合反应工程、电化学反应工程、以 ASPEN 为代表的化工模拟系统都逐渐发展起来。

但是在传统化工范围内的突破依然有限，近十几年来，化学工程与邻近学科的交叉渗透，形成了充满希望的科研探索新领域。以合成青霉素为标志，化学工程走进了与生物化学结合的新时代。此后，微生物科技、分子生物学研究进一步深化了化学工程与生物医药学的结合，石油蛋白生产、污水进化、DNA 重组技术无一不影响着人类发展。

化学工程学科未来的发展，一方面要不断挖掘本专业的深度，不断丰富学科的完整性，提高理论的成熟度；另一方面也要不断向新领域渗透融合，解决新研究领域的新问题。正如一百年前化学工程学科从化学中分离出来，而如今化学工程也随着研究系统的深入，正在孕育着更多新的学科……

▶▶化工发展的变革与新领域

➡➡化工正经历着变革

随着科技的发展，化工正经历着变革，其主要特征就是精细化工和化工新材料的发展比例逐步提升。

世界化工正在进行产业结构调整，主要呈现技术和运营模式的改变。国际化工运营模式向市场潜力大的亚太和资源丰富的中东地区偏移，中东地区油气资源丰富且生产成本低，成为重要的石化生产和输出地区。从技术发展趋势来看，主要是通过实现绿色技术替换传统石油化工产业，解决环境污染和生态危机的问题。例如寻找高效环保的绿色催化剂、对工业废气的吸收和烯烃分离、药物合成和筛选、光化学技术、新型储能材料以及绿

色生产工艺的研发等。突破传统化工的瓶颈,通过低成本规模化绿色介质的设计和合成实现资源化利用是未来化学工程可持续发展的关键。

从国际上看,现代化学工程与二十年前相比已经发生了重大变化,中国的化工行业也正处于发生重大革新的十字路口。化工生产的自动化、机械化、智能化程度大幅度提高,安全性和环保性成为化工企业必须遵守的基本底线,很多化学品的生产过程已经实现了全封闭无泄漏的连续化过程,偌大的厂房基本无人值守,都由中控室控制。中国的化工行业正处于升级改造过程中,需要大量高新技术人员的加入,因此当前的化工行业,尤其是精细化学品生产领域前景广阔,大有可为。

作为一个发展中国家,中国对环境的要求越来越高。需要化工来支持水资源和土地资源的有效利用,以及控制固体废物的产生和排放。需要化工提供新材料、新能源、新资源,为国家的发展和人们的生活提供服务。我国在“十一五”规划中提出了“单位 GDP 能耗降低 20%”“废物排放量降低 10%”两个目标,为了实现这两个目标,我们必须提高生产力水平,获得一个高效、节能和绿色的工业过程。应该说这与化工企业如何通过提高社会生产管理水平提高人们的物质文化生活质量水平密切相关,这对化工的研究、化工的水平提出了一个更高的要求，由此也可以看出化工的重要性。

很长一段时间，我国都急切需求环境友好的高分子材料，其在使用之后可以降解，在农用地膜领域有大量应用，可以减少所谓的白色污染。

我国在20世纪50年代学习苏联，设立了一批化工技术专业和化工机械设备专业。此后又相继设立了化学信息工程、核化工、化学制药以及电化学系统工程、工业催化、生物化工、精细化工等专业。近年来，科学技术的发展日新月异，新兴的产业部门不断涌现，过细的化工专业划分使人才的适应性与应变力无法面对专业需求，因而化学工程与工艺专业覆盖了现有的化学工程、化工工艺、高分子化工、精细化工、生物化工、工业分析、电化学工程、工业催化、高分子材料及化工、生物化学工程（部分）等专业，不但几乎包括化工的各个领域，而且涉及许多其他工业及技术部门，如能源、环境、材料、冶金、轻工业、卫生、信息等。

➡➡现代化工触及不同新领域

化工高新技术的发展与行业的竞争，促使化学工程面临新的挑战。经济的发展和人类生活需求的提升带来

新的化工科学技术问题。基于其满足相关技术产业发展和提升人类生活质量的科学指导思想，我们把现代化学工程的发展方向归为以下几类：

在生物技术领域。若把细胞看作微型化学装置，细胞内反应受化学热力学、反应动力学及扩散的控制，需要测定酶、蛋白质及细胞系统的物化数据，开发细胞内部反应数学模型；研究生物表面及界面现象，例如抗体抗原内部反应、细胞蛋白合成、神经脉冲传达、离子选择性传递等；发展高效生物加工技术，如新型生物反应器、生物传感器及控制系统、生物产品的高纯分离及净化等。另外，如生物医药材料中的人造皮肤、人造血管、人造骨骼等，都是以高分子材料为主体的材料形态。以人造皮肤为例，其制备应采用天然或者半天然的高分子材料，同时要具有仿生的特点，比如其透氧性能和透水性能必须很好，同时又要能够阻止体内大分子的物质渗出，因此对这些材料的研究需求和要求都相当高，而且是人们的生活和健康所需要的。

在新材料领域。高聚物、陶瓷材料、复合材料等微结构材料的分子结构与性质的研究与结合，可以更好地发挥多种复合材料的优异性能，应用表面科学技术研究材料表面及界面上的物理化学现象。2018 年，我国化工新材料产量约为1 700万吨，比上一年增长14.4%，销售收入约为4 800亿元。化工新材料成为我国化学工程体系市场需求增长最快的领域之一，同时也是自给率最低的领域，急需大力发展。金属、非金属及功能性高分子材料都有广阔的应用前景，尤其是可生物或光催化降解的高分子聚合物材料以及高导电性树状高分子、相变高分子及相关材料；生物材料将蓬勃发展并用于制造或修复人体组织，如皮肤、软骨组织甚至神经等。近年来，新型无机功能材料愈来愈显示出重要意义，特别是薄膜光电材料、光敏材料、超导材料、微电子材料以及抗磨损、耐腐蚀材料等。另外，纳米材料在三维空间中至少有一维处于纳米尺寸(1～100纳米)，可以看作化学工程学在空间小尺度范围上的延伸。

在新能源领域。2018—2020年中国石油、煤炭及其他燃料加营业收入呈现逐年上升的趋势。2019年，中国石油、煤炭及其他燃料加营业收入为4.84万亿元，与2018年相比上升4%。能源化工产品关系到国民经济和人民生活。未来二三十年国家能源发展策略的重点将包括：研究先进的煤转化为气体及液体的技术，掌握由合成气(CO与H_2)直接制取基础有机化学品如乙二醇、醋酸、烯烃等的新技术；开发石油炼制新原料，更好地利用页岩

油、重质原油及高硫高氮原油；研究核能、氢能、太阳能、地热能、生物能及城市废物能源；研究各种高效的节能新技术。

在计算技术领域。研究计算机处理复杂数学问题及求解详细模型的方法，从分子规模到装置规模去模拟物理过程及化学过程，建立过程现象的数学模型，更多地依靠计算理论预测而较少地依靠经验来设计、控制及优化工艺过程及设备。对化工微型装置、单元操作及生产装置进行可靠模拟，提高工程放大能力，只经过少数模拟放大步骤，就能绕过中间试验直接进行生产装置设计，省去建造中试装置及进行试验的时间及费用。

在环保技术领域。将环境比作一个巨大的反应器，模拟各种人工及自然环境，建立具有复杂化学现象及物理现象的数学模型；研究包括传递现象及化学反应的地下水分布状态；研究消除废物污染方法的过程特征，包括热分解法、生物法及催化法等。绿色化工的理想在于不再使用有毒、有害物质，不再产生废物，不再处理废物，从源头上防止污染。

也许你觉得这些都离你很遥远，但其实你已经在不知不觉中利用化学工程解决问题了。比如羽绒服保暖就与化工原理中的导热系数有关，电水壶底部做成波浪形，也是为了增大传热面积，从而实现快速的热交换。从2005年开始，国内建筑要求在以往能耗水平上节约65%。因此，生产节能环保的建筑材料势在必行，如断桥铝窗、low-e玻璃等。我们常用的普通窗户玻璃的导热系数约为0.75瓦每米开，高聚物窗框的导热系数为0.13～0.29瓦每米开，而空气的导热系数仅为0.026～0.034瓦每米开，这就体现了双层玻璃内空气在阻止屋内热量散失方面的重要性。建筑墙壁空心砖也是典型的隔温节能材料，其导热系数约为0.35瓦每米开。

“物有甘苦，尝之者识；道有夷险，履之者知。”化学工程并非象征高污染、高消耗和危险，而是在研究如何更有效地把资源转化为产品，其面向的对象不仅仅是原油、传统化学品，也可能是生物医药、新材料等。化学工程是关系国计民生的基础性专业，化学工程将在未来新产品、新材料、精细高附加值产品以及绿色环保等方面发挥更长远的作用。

化学工程基本理论及研究对象

理论是实践的眼睛。

——邹韬奋

▶▶什么是化工单元操作？

化学化工产品的生产是通过多次物理操作和化学反应过程来实现的。尽管化学产品差异很大，生产过程也多种多样，但这些产品生产过程中涉及的物理过程和化工原理都相似。例如，流体输送单元无论用来输送任何流体，都是将流体从一个设备输送到另一个设备，都遵循流体输送的连续性方程和机械能衡算方程；传热的目的都是将物流加热或冷却至所需的工作温度；分离和纯化的目的是通过多次物理单元操作获得所需纯度的化学化工产品。因此，将这些在不同化学产品的生产过程中发生相同的物理变化、遵循物理通用定律、使用类似设备并具有相同功能的基本物理操作称为单元操作，单元操作是化工生产中共有的物理操作。化工生产过程包括原料的预处理、进行化学反应、反应产物的分离与提纯。分离过程投资常占化工企业总投资的50%～90%。各种新的分离技术不断发展。整个生产过程由若干个单元操作串联而成，化学工程的基础就是研究各个独立的单元操作的基本原理及各单元操作的耦合优化。

根据单元操作所遵循的基本规律，分为以下三类（三传）：

流体动力过程。遵循流体动力基本规律，用动量传递理论研究。如流体输送、沉降、过滤、固体流态化。

传热过程。遵循传热基本规律，用热量传递理论研究。如传热、冷凝、蒸发等。

传质过程。遵循传质基本规律，用质量传递理论研究。如蒸馏、精馏、吸收、萃取、结晶、干燥、膜分离等。

单元操作具有如下特点：

所有的单元操作都是物理性操作，只改变物料的状

态或物理性质，并不改变化学性质。

单元操作是化工生产过程中共有的操作，只是不同的化工生产中所包含的单元操作数目、名称与排列顺序不同。

单元操作作用于不同的化工过程时，基本原理相同，所用的设备也是通用的。

各种分离技术的发展现状如图5所示。

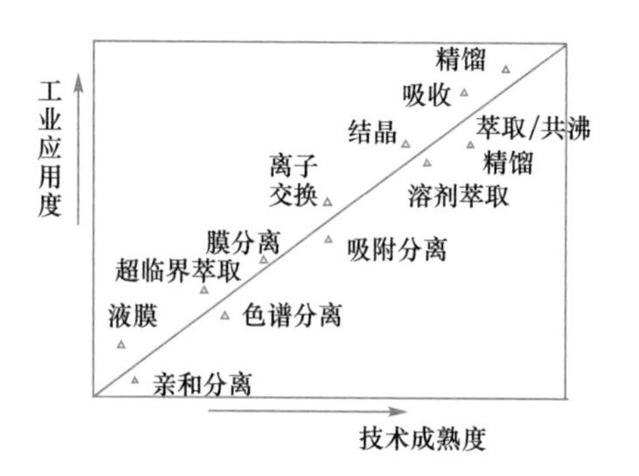

图5 各种分离技术的发展现状

▶▶化学工程传递原理

➡➡流体的流动

✣✣流体流动及定量描述

流体包括液体和气体，流体具有流动性，受外力作用时内部发生相对运动。就像描述汽车运动快慢的时候，人们引入了速度这一物理量一样，为了描述流体流动过程，科学家也根据流体的特点引入了一些物理量，例如黏度、流量与流速等。下文将进一步介绍这些物理量及其含义。

流体输送是采用泵、风机等设备将流体以一定的流量沿着管道(或明渠)由一处送到另一处。单位时间内流体在流动方向上流经的距离称为流速，也称为平均流速。而流体在单位时间内流过单位流通截面积的质量被定义为质量流速，也称为质量通量。

不同流速的流体之间存在着阻碍其相对运动的摩擦阻力，称为内摩擦力。流体的黏度就是这种内摩擦力的表示与度量。黏度越大，流动性越差。黏度是流体的重要物理性质，如 25 ℃时，空气的黏度约为 10^{-5} 帕秒，水的黏度约为 10^{-3} 帕秒，而食用油的黏度约为 10^{-1} 帕秒。如果我们将两块面积为 1 平方米的板浸于液体中，两板距离为 1 米，若加 1 帕的切应力，使两板之间的相对速率为 1 米每秒，则此液体的黏度为 1 帕秒。

单位时间内流过管道某一截面的流体的量称为流量。根据不同表示方法又分为体积流量和质量流量。当

流体稳态流动时，流量不随时间而变。流过某一截面流体的量以体积表示的称为体积流量，以质量表示的称为质量流量。

在单元操作中，当流体从低能位向高能位输送时，必须使用流体输送机械设备。用于输送液体的机械通称为泵，用于输送气体的机械则按不同情况称为通风机、鼓风机等。

✣✣流体中颗粒分离

密度是对特定体积内物质的质量的度量，等于物体的质量除以体积，用符号 ρ 表示，单位为千克每立方米。一般来说，物质密度随着温度、压力的变化，会发生相应的变化。气体的密度随它受到的压力和所处的温度而有显著的变化。固体或液体的密度，在温度和压力变化时，只发生很小的变化。

根据密度的差异，可以将流体中的杂质固体颗粒分离出来。如沉降就是利用分散介质（流体）和分散相（颗粒等）间的密度差异，使分散相粒子在力场（重力场或离心力场）作用下发生定向运动，从分散介质中分离出来。颗粒粒度越小，则沉降速度越慢，分离也越困难。

➡➡热量的传输

传热是由于温度差而引起的热量传递过程。正如生活中我们在夏天使用空调制冷、在冬天利用暖气加热一样，在化工生产中主要包括加热、冷却、冷凝、制冷等，传热方向只能从高温到低温。

自然界中传热的基本方式包括热传导、对流给热和热辐射。

热传导

热传导(导热)是物体各部分之间不发生相对移动，依靠原子、分子、自由电子等微观粒子的热运动而引起的热量传递。

当物体内部或两个直接接触的物体之间存在着温度差时，热量就能够从物体的温度较高部分自动传到温度较低部分。

金属固体靠内部的自由电子运动完成热传导。不良导体的固体和大部分液体主要依靠分子碰撞而传递热量。气体分子受热加剧分子的不规则运动进而发生碰撞而引起热传导。

✣✣对流给热

对流给热是当加热的流体从热源中移走并携带能量时，通过空气或水等流体的质量运动进行的热传递。例如：热表面上方的对流发生是因为热空气扩散，密度降低并上升。同样，热水密度比冷水密度低，并且上升，这是输送能量的对流的原因，同时热对流过程中往往伴有热传导的出现。

强制对流：流体的运动是由于受到外力的作用（如风机、离心泵或其他外界压力等）而引起的，夏天使用风扇就是利用此原理。

自然对流：流体的运动是由于流体内部冷、热流体的密度不同而引起的，例如冬天北方的暖气都安装在房屋下方，就是让热空气自己向上运动，完成自然对流。

强制对流和自然对流可能在同一种流体中同时发生。

✣✣热辐射

热辐射是物体间相互辐射和吸收能量的总结果。热辐射的电磁波波长范围在0.38～100微米，属可见光和红外线范围。因为热辐射依靠电磁波完成，所以两物体不接触，也不需任何介质。

➡➡物质的传输

物质以扩散的方式,从一相转移到另一相的过程,称为物质的传递过程,简称传质过程。

✣✣蒸馏

蒸馏是一种热力学分离工艺,主要用于均相液体混合物的分离,它利用液体混合物中各组分沸点不同,使低沸点组分蒸发,再冷凝收集以分离整个组分的单元操作过程。比如石油炼制工业中,我们由原油经过催化裂化,再进行蒸馏分离就得到汽油、煤油、柴油等产品。

蒸馏分离具有广泛的应用范围。它不仅可以分离液体混合物,而且可以分离气体或固体混合物。例如,可以在压力下将空气液化,然后使用精馏方法获得诸如氧气和氮气等产品。

蒸馏常见的工业操作方式是精馏,常用的设备是精馏塔。板式精馏塔内混合物的气相和液相在塔中逆流流动,气相从底部流到顶部,液相在重力作用下从顶部流到底部,并在塔盘上接触以进行质量传递。在塔中逐步接触时,两相的组成发生阶跃变化。填料精馏塔装有比表面积大、空隙率高的填料。当回流液体或原料液体进入

时，会润湿填料表面，液体在填料表面上扩散成液膜，当液体向下流动时，会聚成液滴，然后流入另一种填料，重新膨胀成新的液膜。常见填料塔填料如图6所示。

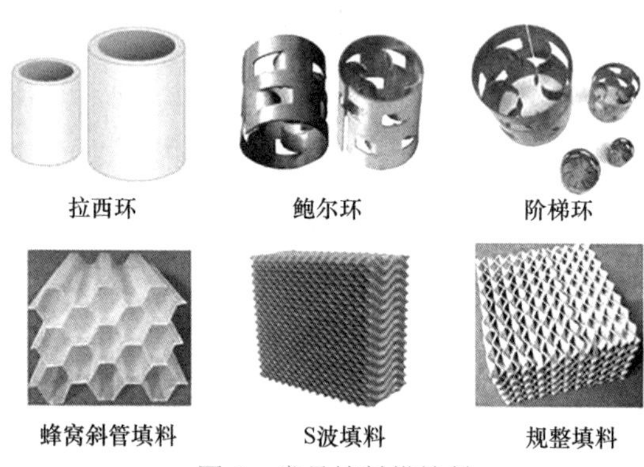

图6　常见填料塔填料

✣✣吸收

吸收是将气体混合物中的各个组分予以分离的单元操作，依各组分在溶剂中的溶解度的差异实现组分分离。使气体混合物与适当的液体接触，气体中的一种或几种成分溶解在液体中，不溶成分保留在气体中，从而分离混合气体。所使用的液体称为吸收剂(或溶剂)，溶解在吸收剂中的成分称为溶质，不溶成分称为惰性气体或载体。

吸收常常被应用在气体混合物的分离、气体净化和制备溶液中。如用水吸收空气中的氯化氢、氨气等可以制备盐酸和氨水，用浓硫酸吸收三氧化硫可以制备“发烟硫酸”，用水或碱液吸收空气中的二氧化硫、二氧化氮等可以达到净化空气的目的。

吸收单元进行气体混合物的分离时，通常需要满足以下三个要求：第一点是选择合适的溶剂，能选择性地溶解混合物中某一个或者某些被分离组分；第二点是提供传质设备，以实现气液两相的接触，使溶质从气相转移至液相进而分离；第三点是吸收某组分的溶剂，循环使用以降低成本，溶剂的再生也是十分重要的。

按照吸收是否发生化学反应分类，吸收操作可以分为化学吸收和物理吸收。化学吸收中溶质与溶剂发生明显的化学反应，如用碱液吸收二氧化碳、二氧化硫等酸性气体。而物理吸收时溶质不与溶剂发生化学反应，如用水吸收氯化氢气体。

物理吸收是利用物质（溶质）在两种不混溶（或部分混溶）的溶剂中的溶解度或分配系数差异，将溶质从一种溶剂（原溶剂）转移到另一种溶剂（萃取剂）的方法。如：采用煤油为萃取剂可以将废水中的苯酚萃取出来，乙酸乙酯可从水溶液中萃取有机物，四氯化碳或苯可以将碘从碘水中萃取出来。

当流体与多孔固体接触时，流体中的一种或多种组分将积聚在固体表面上。这种现象称为吸附。活性炭和活性炭纤维二级吸附可以回收甲苯有机废气。如工业生产中的原料气脱除其中的 CO_2、H_2S、CO、SO_2 等微量杂质。

✣✣干燥

干燥是一种利用空气等干燥介质，去除湿物料中的水分或溶剂的化工单元操作，同时干燥也是一种传热过程。干燥设备处理的物料已由早期的木材干燥扩展到食品加工、茶叶烘干、烟叶烘干、蔬菜脱水、鱼类干燥、陶瓷烘焙、药物及生物制品的灭菌与干燥、污泥处理、化工原料及肥料干燥等诸多领域。

▶▶化工与反应

➡➡化学反应工程

自然界物质的运动或变化过程分为两类：物理过程和化学过程。物理过程不涉及化学反应，例如分析力学、电动力学、统计力学等。但是，化学反应过程始终与物理因素（如浓度、压力和温度等）密切相关。因此，化学反应过程是理化因素的综合过程。

1957年的第一届欧洲反应工程会议确定了其主题名称为“化学反应工程”。

化学反应工程与其他学科的关系如图7所示。

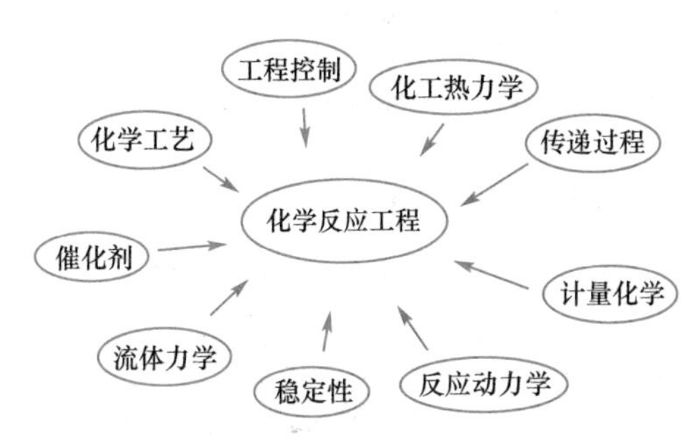

图7　化学反应工程与其他学科的关系

从实验室规模到工业生产的发展过程通常伴随数量的增长，而忽略了质的变化。但是，要成功完成体积扩展，必须掌握过程的本质。因此，每个放大级别都伴随着技术质量的差异。大型设备上的措施可能与小型设备上的措施不同，甚至某些操作参数可能会有新的调整。因此，放大技术基于深刻的科学理论和实践经验，是结合了质和量的工程科学。

新技术的开发通常必须经历以下三个步骤：第一，依据实验数据提出数学模型；第二，进行中规模实验以验证数学模型；第三，用数学模型的应用验证大型设备的设

计。我们正在研究的化学过程是指特定化学产品从原料到产品的生产过程(图8)。其中,“化学反应”步骤是整个化学过程的核心,起着主导作用,它的要求和结果决定了前处理的程度和后处理的难度。

原料 ⟶ 前处理 ⟶ 化学反应 ⟶ 后处理 ⟶ 产品

图8　特定化学产品从原料到产品的生产过程

➡➡化学反应器

化学反应器是实现化工反应过程的设备,广泛用于化学工业、炼油、冶金、轻工等工业领域。化学反应工程以工业反应器中的反应过程为研究对象,建立反应器的数学模型,研究反应器类型对化学反应过程的影响以及动力学,研究反应器的特性对反应参数的敏感性,以实现工业反应器的可靠设计和运行控制。

理想的反应器必须具备以下特征:有足够的容积、合适的结构、足够的传热面积、足够的机械强度和耐腐蚀性;易于维护,易于安装,易于制造且易于操作。

反应器可用于实现液相单相反应过程以及气-液相、液-固相、气-液-固相等多相反应过程,并经常伴随搅拌过程(机械搅拌、气流搅拌等)。当反应期间需要加热或冷却材料时，可以在反应器壁上设置夹套，或在反应器中设置热交换表面，或通过外部循环进行热交换。现代工业中有各种类型的反应器，冶金工业中的高炉和转炉、生物工程中的发酵罐和各种燃烧器都是不同形式的反应器。

化学反应器分类

按照操作方式的不同，化学反应器可分为间歇操作反应器、连续操作反应器和半连续反应器。

间歇操作反应器是一种常用化学反应器，可以分批进行反应。其特征是将反应所需的原料一次装入反应器中，然后在反应器中进行反应。在一定时间后，当达到所需的反应程度时，将所有反应产物和少量未转化的原料从反应器中移除。

连续操作反应器在持续运行的过程中，生产系统与外界不断交换材料。原料不断流入系统，并以产品形式连续离开系统。进入系统的原料数量等于从系统中取出的产品数量。生产过程连续，设备利用率高，生产能力强，易于实现自动化操作，工艺参数稳定，产品质量得到更好的保证。但是，连续生产过程需要大量投资，并且要求操作员具有较高的技术水平。连续运行过程适合技术成熟的大规模工业生产。通常，大规模生产工业化化学

产品的工厂基本上是使用连续操作方法来生产的。

半连续反应器介于间歇操作反应器与连续操作反应器之间。通常一次添加一种反应物，然后连续添加另一种反应物。反应达到一定要求后，停止操作并排出物料。

按照反应器结构的不同，化学反应器还可以分为釜式反应器、管式反应器、塔式反应器、固定床反应器、流化床反应器等。

❖❖常见典型化学反应器

釜式反应器是高径比低的圆柱形反应器，用于实现液相单相反应过程以及液-液相、气-液相、液-固相、气-液-固相等多相反应过程。釜式反应器的优点是适用范围广、投资少、易于投入生产、可以轻易改变反应物流量，缺点是换热面积小、反应温度不易控制、停留时间不一致。

管式反应器是由一个或多个串联或并联的管组成的反应器。长度与直径的比通常大于50。它主要用于气-固相反应。

固定床反应器也称填充床反应器，其中装有固体催化剂或固体反应物以实现多相反应。固体通常为颗粒形式，并堆积到一定高度（或厚度）的床中。床是固定的，流体通过床反应。固定床反应器主要用于实现气-固相催化反应，例如氨合成塔。

流化床反应器是使用气体或液体，通过粒状固体层以使固体颗粒呈悬浮状态并进行气-固相反应过程或液-固相反应过程的反应器。20 世纪 20 年代出现的用于粉煤气化的 Winkler 炉，是流化床反应器在现代工业中的早期应用。现代流化反应技术的发展以 20 世纪 40 年代石油的催化裂化为代表。

▶▶化工与计算机模拟

计算机是一种多功能设备，可用于计算、制表、模拟、绘图、区分、存储、检索、管理、自动控制、人工智能等。在化学工业中使用计算机，有助于完成任务并提高工作效率。计算机的使用是近年来化学领域最重要的成就之一。

➡➡化工生产过程模拟与评估

如今，化学工程专业的学生和化学工程师解决日益复杂的问题，无论是应用于炼油厂、燃料电池、微型反应器，还是应用于制药厂，都依赖于计算机的帮助。

无论是设计用于制造聚乙烯的大型设备，还是设计

用于检测生物制剂的小型微反应器，计算机都彻底改变了化学工程师设计和分析过程的方式。现在，计算机程序可以在短时间内解决难题。如今，你不再需要编写自己的软件程序即可有效地使用计算机。计算机程序可以为你执行数值计算，但是你仍然需要了解如何将这些程序应用于特定的工程挑战。

计算机可用于化学工业的各个领域，其优越性和生命力在化学工业中越来越突出。在化学工业中，依靠计算机强大的计算能力来存储和管理大量的化学信息，化学反应的复杂性和微观性需要计算机模拟和计算，化学反应过程需要计算机的自动化辅助管理。

化学工程计算是面向化学工程与技术专业学生的专业技术课程，通常包括查询和估算物理性质数据、物料平衡和热平衡、设备过程计算以及稳态下材料和能量的联合平衡计算流程。化学工程计算的目的是获得设备设计所需的数据，为调整工艺单元操作和控制生产过程提供基础，并掌握原材料的消耗、中间产品和产品的生产，估算能源、水、电、蒸汽及其他电力消耗，以便及时进行生产运营的经济分析。在设计化工厂时，化学工程计算是工厂或车间设计从定性计划转向定量计算的第一步，在进行技术改进后，评估存在的问题和评估生产过程的经济性也是必不可少的。化学工程计算课程的建立可以培养学生的计算能力以及将化学工程专业理论知识应用到工程实践中的能力。

化学过程模拟是指使用计算机程序来定量计算化学过程的特征方程。主要过程基于化学过程的数据，使用适当的仿真软件，用数学模型描述由多个单元操作组成的化学过程，模拟实际生产过程，并通过更改各种有效值在计算机上获得所需的信息条件及结果。

化学过程模拟技术基于化学反应过程的机理模型，使用数学方法来描述化学过程。通过计算机辅助计算方法的应用，过程物料平衡、热平衡、设备尺寸估算和能量分析被用于环境和经济评估。它是化学工程、化工热力学、系统工程、计算方法和计算机应用技术的组合产品，是近几十年来发展起来的一项新技术。

化学过程模拟技术的应用可以节省大量的金钱、时间和人力，而这些被节省下来的花费在过去都是通过实验（小型实验和中试）探索最佳的工艺条件时产生的。化学过程模拟技术使我们能够从整个系统的角度理解、分析和预测生产中的深层问题，进行设备调试、过程分析和

过程集成，以实现优化生产、节省资源、环境友好的目标，提高经济效益。该技术已成为化学工程设计以及原始工程改造和优化的有力工具，并受到世界各国的重视。在当今能源短缺、自然资源匮乏和市场竞争激烈的背景下，人们在化学过程模拟技术方面已取得了进步，化学过程模拟技术的应用和发展趋势越来越受到人们的重视。

化学过程模拟技术主要是在对化学过程的研究和讨论更加方便的基础上开发的。

化学过程模拟技术是信息技术和化学技术的结合，基于化学过程的机理模型，根据化学过程的数据，如温度、压力、组成、流量和设备参数（如蒸馏塔的塔板数、进料位置），使用数学方法描述具有多个单元的化学过程，通过在计算机上执行单元或整个过程的物料平衡和热平衡计算来建立模型，并通过改变各种有效的运行参数，从而获得所需的最佳结果。其中包括许多重要数据，例如原材料消耗、工程消耗、产品及副产品的产量和质量、设备尺寸估算和能源分析。

化学过程模拟技术使我们能够从全局角度分析甚至预测过程中的问题。根据仿真计算的结果，我们可以从经济和环境角度更好地优化过程，这可以作为设计新设备和改造旧设备的根据，这是一种绿色过程，是一种友好、节能、降耗资源。

➡➡化工生产场景模拟

近年来，随着计算机技术的飞速发展，软件和硬件的性能得到了全面提高。实际的化学生产过程可以完全准确地反映在计算机上，而无须更改现有设备的任何参数。因此，理论上有很大的优化空间。化学过程模拟人员可以根据实际设备在计算机上任意更改工艺参数，制订不同的计划，对每个计划的优缺点进行全面的比较和分析，从而获得最佳的经济和环境效益计划，实现清洁生产目标。而且，过程仿真技术的应用可以节省大量的时间、原材料和运营成本，提高产品的质量和产量并减少消耗。同时，还可以分析和比较化学生产过程的计划、研发和技术可靠性。

虚拟教育模拟，从适用于操作员的逼真的工厂模拟器、过程单元的内部可视化到学生的虚拟实验室，不一而足，是工业和大学化学工程师关注的焦点，因为它们可以提供现实生活中的培训而又无需昂贵的实际的培训设置。

化工虚拟仿真模拟化工设备和生产工厂如图9所示。

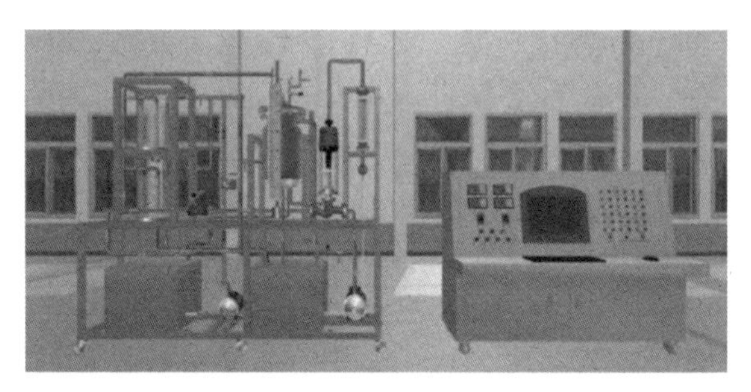

图9　化工虚拟仿真模拟化工设备和生产工厂

Aspen Plus是一种大型通用过程仿真系统，19世纪70年代末期起源于美国能源部，ASPEN是“先进过程工程系统”（Advanced System for Process Engineering）的简称。1982年，Aspen Tech成立，并将其商品化为Aspen Plus。世界各地的主要化学和石化制造商以及知名的工程公司都是 Aspen Plus 的用户。Aspen Plus 凭借其严格的机械模型和先进的技术赢得了用户的信任。它具有以下特征:第一,Aspen Plus 拥有公认的往绩记录,可在制造过程的整个生命周期中提供巨大的经济利益。制造生命周期包括从研发到工程设计再到生产的整个过程。第二,Aspen Plus 使用最新的软件工程技术,通过其 Microsoft Windows 图形界面和交互式客户端-服务器模拟结构来最大限度地提高工程效率。第三,Aspen Plus 具有准确模拟各种实际应用所需的工程能力,从炼油到非理想的化学系统再到包含电解质和固体的工艺。第四,Aspen Plus 是 Aspen Tech 集成智能制造系统技术的核心部分,该技术可以获取过程专业知识并充分利用公司的整个过程工程基础架构。在实际应用中,Aspen Plus 可以帮助工程师解决关键的工程和操作问题,例如快速闪蒸计算、设计新工艺、发现原油加工单元中的故障或优化整个乙烯单元的操作。

当前计算机对普通百姓影响最大的是计算机网络技术的发展。计算机网络技术在化学工业中的主要应用是利用计算机强大的存储和检索功能来建立并管理各种大型综合化学信息数据库。我们日常化学工业中的数据量

非常大，人脑无法记住所有内容，更不用说执行大量数据处理了。但是，计算机网络可以很好地完成工作，为我们的日常化学工作带来了极大的便利。在化学工业研究中，经常涉及对化学工业文献的查询，如果这项工作没有计算机，那么困难将是无法想象的！首先，不可能全面查阅文献，化学工业遍布世界各地，实地查阅各地文献是人类无法完成的工作。其次，化学文献太多，人脑无法对它们进行全面的分类和总结，但是，计算机网络可以解决这些复杂的问题，并减少我们研究化学工业的障碍。

资源与能源化工

如果他们懂得利用自然的方法，那么所有的人都能得到幸福。

——克劳迪安内斯

▶▶无机化工

➡➡无机化工原料及产品

无机化工产品的主要原料有化学矿物（含氮、磷、钾、硫、钠、钙、镁、硅等）、石油、煤、天然气、空气、水等，此外，很多化学工业部门的副产物和废物也是无机化工产品的重要原料。例如：黄铜矿、方铅矿、闪锌矿的冶炼过程中产生的废气含有大量的二氧化硫，可用作生产硫酸的原

料；钢铁工业中炼焦生产过程产生的焦炉煤气，其中所含的氨可用硫酸加以回收制成硫酸铵。

无机化工产品是基础原料-材料工业产品，用途广泛，需求量大。其用途不仅涉及塑料、橡胶、纸、农药、饲料添加剂、化肥等产品，还涉及采油、采矿、航海、空间技术、高新技术领域中的电子工业、信息技术产业以及各种材料工业。无机化工与人们日常生活中的衣、食、住、行以及环保、交通、轻工等息息相关。

与其他化工部门相比，无机化工发展早、产量大，且主要产品多为用途广泛的基本化工原料，其生产过程较有机化工产品相对简单。无机化工产品的分类如图 10 所示。

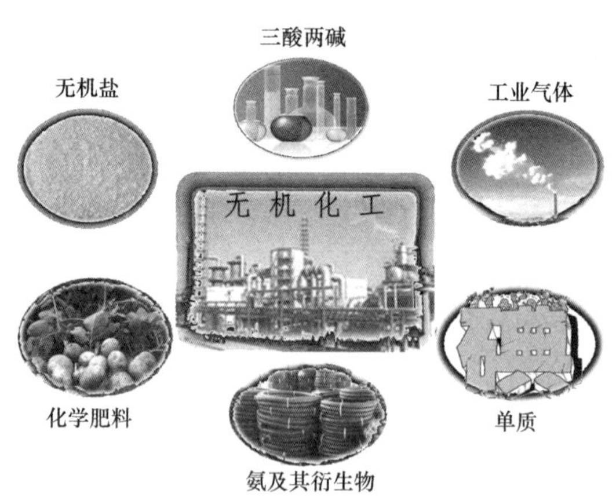

图 10　无机化工产品的分类

三酸两碱包括硫酸、硝酸、盐酸、烧碱和纯碱，在化肥工业、金属处理工业、染料工业、食品行业和造纸行业都有着广泛应用，也可用于生产肥皂、洗涤剂等。

氨及其衍生物包括含氮肥料、塑料、纤维、橡胶以及工业应用的各种含氮无机盐等。硝基化合物可作为生产炸弹、导弹、火箭的推进剂和氧化剂。

无机盐在生活中随处可见，用途广泛。如硫酸钡可用于X光造影，亚硒酸钠可用于防癌抗癌，而磷酸盐也是人体生理必不可少的成分之一。在新能源发展时代，无机盐产品也是电池工业的原料。

化学肥料简称化肥，包括氮肥、磷肥、钾肥、复合肥和微量元素肥料等，其中微量元素肥料含有硼、铜、锰、锌、钼等微量元素。

工业气体包括氢气、氯气、氧气、一氧化碳等。作为氯碱工业产品的液氯，是氯气经过压缩冷却工序而得的。以氯为原料的产品主要有无机氯产品（次氯酸钠、次氯酸钙等）和有机氯农药（速灭威、氯菊酯等）。

单质包括钾、钠、磷、氟、溴、碘等，在工业上有广泛的应用。比如钾，可以用于制造合金，可以在有机合成反应中用作还原剂，可用于制光电管、化肥、肥皂等，对动植物

的生长发育也起着至关重要的作用。

这些无机化工产品与国民经济各部门有密切关系，对人类生存和科技发展具有积极的推动作用，其中硫酸曾有“化学工业之母”之称，它的产量在一定程度上标志着一个国家工业的发达程度。无机化工是单元操作的形成和发展的基础，它的发展也大大推动了催化剂、吸附剂、填料的研制，原料气制造，气体净化等方面的技术进步。

➡➡无机化工生产

无机化工生产技术比较先进的国家和地区有俄罗斯、中国、日本、东欧、北美、西欧。美国在无机化工生产技术上一直处于领先地位；日本由于天然资源稀少的客观因素，为解决民生问题不得不大力推动化肥产业的发展，随之带动了硫酸、纯碱、氯碱等无机物的生产。我国的无机化工起步较晚，但随着近些年国家综合实力的提升和科学技术的进步，我国制造合成氨、化肥、纯碱、烧碱、硫酸的能力都已经处于世界前几名。

在无机化工产品的生产过程中，原料和能源消耗占比大是目前的主要问题，如氯碱工业、合成氨工业、电石（碳化钙）生产、黄磷生产等都耗能较多。因此，化工产品生产技术改造的重点是综合利用低能耗工艺和原料。无机盐工业、化肥工业等都是产品品种发展较快的工业，它们将进一步淘汰落后产品，发展长效的复合新产品。全球的氯碱消费都在迅速增长，而分析世界无机化工产业情况，亚洲对氯产品需求的增加将成为世界氯碱产能扩张的主要驱动因素，同时美国的氯碱工业竞争力也在减弱，对我国无机化工的发展来说，既是机遇也是挑战。

同其他工业一样，无机化工生产要求高效的设备、先进的工艺流程、新型的检测仪表，此外，电子计算机在全流程的模拟优化等方面发挥越来越关键的作用，模拟优化和化工生产过程的紧密耦合形成了新的学科——化工系统工程。同时，在化工生产中采用电子计算机进行温度、压力、流量等参数的监测和调节，也是今后的努力方向之一。由于单种化肥低效，化肥工业今后将向高浓度、长效的复合肥料方向发展。随着工业不断发展，合成氨、硫酸、氮肥、磷肥、无机盐等生产所排放的废渣、废液、废气累积得越来越多，它们给水资源、土壤、空气等带来了严重的污染和危害，已引起人们的广泛重视，今后将继续采取有效措施，解决“三废”问题。随着化工定义的不断丰富，新型无机化工产品也不断出现，锂离子电池材料、非晶硅太阳能电池材

料、高纯纳米碳化钙等高科技产品的研发也将成为主流。

▶▶我国能源结构及煤化工

➡➡我国能源结构

我国煤炭储量丰富，石油天然气资源明显不足。目前我国一次能源消耗仅次于美国，居世界第二。我国是多煤、少油、少气的国家，煤炭的使用占一次能源的60%左右。未来很长一段时间内，煤炭在我国能源结构中都将占主导地位。

化工生产应长周期稳定运行，因此要求原料数量和质量稳定。丰富的煤炭资源和水资源是发展煤化工的必备条件，煤化工产品和原料运输量大，便利的交通条件可以大大降低煤的运输成本。

➡➡煤化工生产及碳流向

煤化工是指以煤为原料，经化学加工使煤转化为固体、液体、气体燃料以及不同种类化学品的过程。煤的化学加工过程主要包括煤的气化、液化、干馏以及煤焦油加工和电石乙炔化工等。煤中有机质的化学结构，主要是以芳香族为主的稠环为单元核心，由桥键互相连接，并带有各种官能团的大分子结构，通过热加工和催化加工，可以使煤转化为各种燃料和化工产品，如煤制烯烃、煤制甲醇等。

❖❖煤作为燃料和原料

在煤化工中，可以用煤作燃料和原料。煤作为燃料时，主要是通过直接燃烧提供热量和能量，产生蒸汽，为发电提供动力和能量。在实际应用中，煤燃烧后不可能完全转化为CO_2，灰渣会带出少量残碳。煤作为原料时，直接参与化学反应，部分碳进入产品转化成清洁能源或化学品，部分碳转化为CO_2，少量碳随灰渣流失。煤化工“原料用煤”方式生产油气产品具有较高的过程效率和节炭能力。

煤化工工艺过程对环境容量的考虑是不容忽视的，煤化工项目排放的大气污染物种类繁多，常见的有氮氧化物、二氧化硫、氨气、一氧化碳、硫化氢、PM2.5、PM10等，且排放的气体成分复杂、浓度分布宽、排放点较分散、排放量较大，难以用单一技术处理。

煤化工是高能耗、高污染物排放产业，因此，如何降低能耗、减少排放、清洁生产，同时实现煤炭在实际过程

中逐渐转变成清洁能源和化工产品，已成为制约我国煤化工产业可持续发展的瓶颈。

在新形势下，随着清洁化工生产和环境保护的严格要求，在国家和各级政府相应政策的支持下，煤化工产业有条件地培育和发展成战略性新兴产业。发展现代煤化工产业，对于促进我国能源结构调整，减少石油进口依赖，加快产业自主、经济发展和高新技术开发应用，确保我国能源安全具有非常重大的战略意义。

✣✣煤炭的清洁高效利用

煤化工的进一步发展离不开煤炭的清洁高效利用。

在焦化处理过程中，会产生大量含有硫化物、硝化物及固体颗粒的废气，随着焦化过程排放到空气中，造成环境污染，虽然目前各焦化企业均采取了相应的措施减少废气中的污染物，但随着环保要求的不断提升，净化效率低、净化成本高、净化效果差将成为煤化工面临的难题，对燃料进行脱硫脱硝处理可以合理地调整焦化废气的净化工艺流程，提升废气处理效率。

然而，目前化工生产废气治理设施布置分散，操作工艺复杂，人员劳动强度大，急需加强对废气及其他废弃物的综合利用，促进良性循环。

为增进煤炭的清洁高效利用，可采取以下措施：联合煤矿企业和煤化工项目，增加煤的转化力度；研发废气一体化治理工艺，开发集成度高、能耗低、操作控制便捷、占地面积小的废气治理工艺；依据工业4.0概念，分析化工产品产量和市场需求，增强市场竞争力和高端目标，特别是难以供应的产品的技术限制，加强资本投资，增加生产能力，加强下游产品的扩展链，同时扩展国际国内市场；研发创新煤化工的新技术和新模式，结合不同煤化工技术，将每个技术的优势和多联产后整体技术优势都发挥出来，获得更多高附加值的化工产品和二次能源；提高能源资源利用率，减少污染物排放。

对于由于水资源缺乏和高浓度盐水处理成本高而制约项目发展的问题，国家层面应根据不同的环境容量制定不同的环境保护政策。地方政府应制定差异化的环境保护管理政策，促进不同地区的协调发展，并将煤化学工业的示范项目合理安排在煤炭资源丰富的地区。

煤化工是我国能源的基础和命脉，拥有广阔的发展前景和空间。现代煤化工在国民经济中占有十分重要的地位，尽管在发展中会有不合理的煤化工工艺出现，但在国家政策的正确指导下，正在逐步实现有序发展和科学发展。相信在未来，随着高效催化剂和先进加工工艺的

研发，以洁净能源和化学品为目标产品的新型煤化工，将结合高新技术转化，建成新兴煤炭-能源化产业；将联合煤炭资源开发和煤炭生产，建成若干大型煤炭加工产业基地。新型煤化工是煤炭工业调整产业结构、走新型工业化道路的战略方向，符合科学发展观。

▶▶石油化工与产品

➡➡炼化一体化及石油产品

石油化工是化学工业的重要组成部分，也是能源的主要供应者。石油化工是将原油经过裂解（裂化）、重整和分离，提供炔烃（乙炔）、烯烃（乙烯、丙烯、丁烯和丁二烯）、芳烃（苯、甲苯、二甲苯）及合成气四大基础原料，再由这些基础原料制备出各种重要的有机化工产品。各行各业的发展都离不开石油化工的助力，在材料工业领域，2018年全世界以石油化工为基础原料的合成高分子材料产量约为1.45亿吨；在支援农业发展上，石化工业提供的氮肥占化肥总量的80%，农业机械所需各类燃料也都是由石油化工提供的；交通工业、金属加工、机械工程、润滑油脂加工、纺织工业、电子工业以及诸多的高新技术产业，无不与石化产品息息相关。

经过近70年的发展，我国已建立起比较完善的现代石油化工产业体系，生产技术位居世界前列。自2011年起，石油化工实现平稳快速增长，效益不断增加，运行质量进一步提高，产业结构升级步伐逐年加快，产品技术也不断向高端领域延伸。国民经济结构的调整对我国能源产业结构提出了新的要求，我国石油化工产业逐渐从以炼油为主导转变为炼化一体化，并初步形成以炼油、烯烃和芳烃生产为主的基地型石油化工产业格局。2020年在全球疫情的影响下，我国成品油消费量显著下滑，国内原油产量维持增长，原油进口也保持较快增速，原油加工量创新高，相关企业加快“油转化”进程，油气领域改革持续推进，国内石油化工产业继续扩张。

值得肯定的是，改革开放以来，我国炼油技术得到了迅猛发展，取得了重大的关键性技术成果，特别是“十二五”以来，我国石化工业的自主创新能力和装备国产化水平显著提升，部分重大装备的制造技术已位于世界前列，掌握了自主知识产权的千万吨级炼油装置成套技术。

➡➡高端石油产品的稀缺

激烈的国际竞争环境和可持续发展面临着资源短缺

的问题，对我国的石油化工产业和低碳环保提出了更高的要求。当前，我国很多传统石化产品同质化现象严重，有的产能已达到饱和甚至过剩，而特殊性能化工新材料、高端精细化学品、新型专用化学品、特种合成材料等高端科技产品相对短缺，严重依赖进口。如特种橡胶、高性能纤维、高端工程塑料等化工新材料及部分单体面临严重的缺口，保障能力不足50%。石油化工过程本质是高能耗、高排放过程，在绿色低碳成为社会共识的发展趋势下，节能减排的绿色石油化工产业对科技和工艺都是新挑战，面对碳中和、碳达峰的紧迫形势，如何高效减排、存储并利用二氧化碳都是当前石油化工面临的重大科技问题。简言之，我国的石油化工在未来依然有很大的发展空间。

国内的化工产业发展目前面临着结构性失衡局面，即传统化工产品产能严重过剩，但高端专用化学品和单体严重缺乏。推动传统化工行业转型、发展新兴石化产业、研发高端化学品生产技术和工艺是未来石油化工技术发展的重要方向。基于高端化学品的研发和生产现状，加强对高端化学品的研究，包括特种橡胶、工程塑料、精细化工产品（如手性化合物等）、新型复合材料等领域进行相关的技术开发和产品生产，加大投入，实现新型、高性能化学产品的研发。尤其强调的是，应特别关注高端化学品的中间体和聚合单体的生产技术，它们是制造高端化学品的关键。例如，在灭火器、传送带、轮胎、包装等产品上广泛应用的具有耐高温、气体隔绝、耐酸耐碱、耐化学药品等优势的高性能塑料 PEN（聚 2，6-萘二酸乙二醇酯），其生产瓶颈是制备高纯度 2，6-二甲基萘。因此，要生产高性能塑料 PEN，高纯度 2，6-二甲基萘单体的生产技术是关键。

➡➡石油化工中的节能减排

作为技术创新快、发展潜力大的化工产业，石油化工的内涵和发展模式正向可持续发展的“绿色石油化工”科技前沿转变。

一方面，首先，要高效循环利用资源能源，降低生产成本，大力发展二氧化碳捕集、存储与转化利用技术和节能减排技术，同时从源头消除污染，实现绿色低碳科技；其次，生产过程中应采用绿色反应介质的生产工艺和绿色经济性概念，使原料分子中的原子全部转化为产物，增加资源利用率，减少废物排放和环境污染。

另一方面，回收石油化工生产过程中排放的高附加值成分，不仅能减少环境污染，还能节能降耗并为企业带来巨大的经济效益，是“绿色石油化工”的重要组成部分。如将全国1 800万吨直接燃烧的炼厂气进行轻烃分离，可回收轻烃超过600万吨，相当于中型油田的年原油产量，增加效益约60亿元，减排CO_2约370万吨，具有重要的社会意义和经济价值。如石化炼厂气中含有烷烃、氢气等成分，将它们分别加以回收将得到多种化工原料和化工产品。但化工有机尾气成分复杂，浓度、压力变化大，不同的浓度适合采用不同的分离技术加以回收利用，通常用一种技术难以分离。因此，回收有机尾气、节能降耗的途径是发展过程耦合与强化技术，各操作单元取长补短，形成耦合工艺；通过引入新工艺路线或新催化材料实现工艺耦合，通过减少装置数目或减小生产设备，实现降低能耗、提高生产效率的目的。如膜分离耦合技术，在回收石化尾气中的有机蒸气时，通常采用膜与冷凝、蒸馏、吸附等耦合工艺，以达到最佳的回收效率和最低的能耗。气体膜分离技术在石油化工生产中的应用越来越广，尤其是在回收石化尾气中的有机蒸气、节能减排、资源循环利用等方面发挥着重要作用。气体分离膜技术的原理是利用原料混合气中不同气体通过膜材料的渗透速率不同,以膜两侧气体的压力差为推动力,在膜的渗透侧富集渗透速率大的气体,而在原料侧得到不易渗透气体的混合物,从而达到不同气体分离的目的。

气体分离膜的应用如图 11 所示。

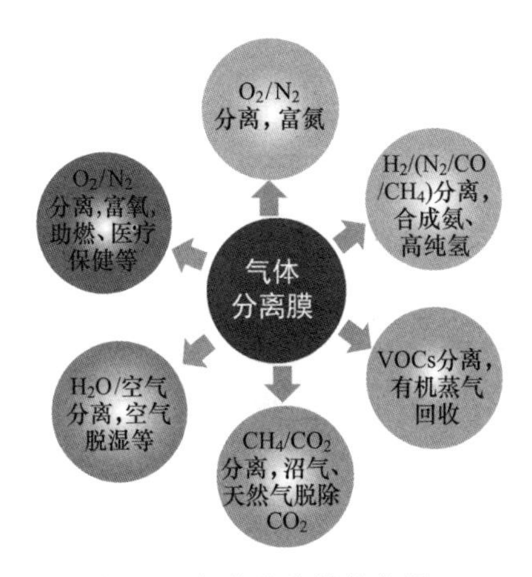

图 11　气体分离膜的应用

我国面临石油资源短缺的问题将长期存在,因此,除加大石油资源勘探力度、寻找规模优质储量并大力开发海上油气资源外,同时应多元化大力发展可替代的清洁能源,节能减排,减少我国对进口石油的依赖。

面对资源和环境的重大挑战,我国石油化工技术必

须朝着资源高效利用、原料多元化、产品高值化、过程低碳绿色化的方向发展，加强基础研究和过程创新，通过新材料、新工艺、新反应工程的研发形成集成创新，促进石油化工新技术形成新局面，带动产业和产品结构调整，促进我国石油化工走可持续发展和健康发展的道路，以满足国民经济和社会发展的需求。

▶▶天然气与清洁化工

➡➡天然气化工产品

随着中国经济的快速发展，环境保护日益受到重视，作为清洁环保、优质高效的绿色低碳化工原料，天然气的需求快速增长，也加速了天然气资源在化工领域的蓬勃发展，对促进国家经济发展和社会进步都具有非常重要的意义。在全世界都大力支持清洁能源的市场背景下，天然气已成为代替煤炭、石油的主要燃料，清洁能源的利用可有效治理环境，改善空气质量。

天然气化工已成为世界化工产业的重要支柱，目前，世界上 80％的合成氨、90％的甲醇都以天然气为生产原料，美国 75％以上的乙炔也以天然气为原料，而我国天然气利用率处于较低水平，仅为40%，可见我国天然气化工存在很大的发展空间。尽管我国天然气资源较为丰富，但对天然气的开发和利用并不理想，无法满足我国的消费需求，我国的天然气在能源需求总量中所占比重逐年增加，增长速度远超煤炭和石油。现如今，中国已成为世界第一大天然气进口国，每年需要从国外进口上亿立方米的天然气。

天然气化工发展方向可以大致分为制合成气、制合成油及制精细化工产品。从天然气化工的发展趋势来看，合成氨、甲醇及其下游产品的生产仍将持续增长，但产品结构会向高技术含量和高附加值方向调整。根据国家能源局发布的《中国天然气发展报告(2020)》，2020年我国天然气消费量约3 200亿立方米，比2019年增加约130亿立方米。目前中国天然气生产和利用已进入快速发展阶段，主要用于合成氨、甲醇、氢、合成油、乙炔、氢氰酸等领域。除此之外，天然气中所含的硫资源也值得加以关注利用。硫是一种重要的工业资源和原料，科学有效地收集天然气中的硫资源可更大程度加强天然气的利用率，尤其是对于我国几大含硫天然气田，若能将其与相关化工产业进行有机结合，即可解决硫黄的出路难题。

天然气化工行业的主要产品如图12所示。

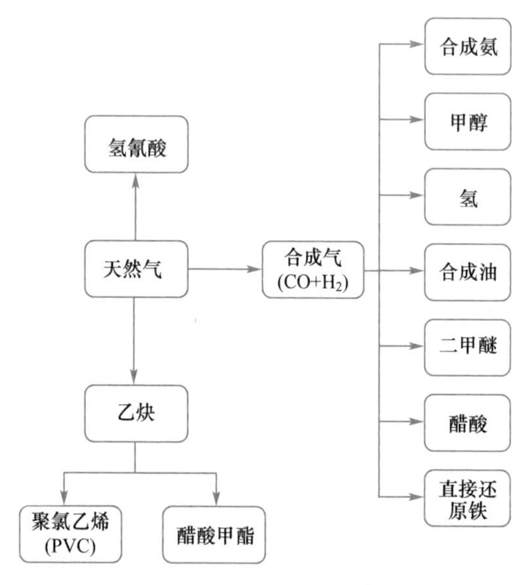

图 12　天然气化工行业的主要产品

➡➡天然气清洁能源

✣✣天然气综合利用

天然气有很多优点，但也具有一定的风险。现阶段天然气产业链较短，气体供应量难以满足需求，天然气化工的发展还需进一步调整产业链结构，提高天然气的开采率和利用率。国务院已明确提出要加快天然气开发利用，促进协调稳定发展。但目前我国天然气产业发展仍面临严峻挑战。一方面是勘探和开发作业的技术水平不高，开发效率不理想，甚至造成大量的资源浪费，天然气管输系统也相对滞后，中西部集中的天然气资源要运输到消耗资源的东部地区，输送干线较长，天然气管网建设进度、互联互通程度和市场保供等情况造成管道建设成本高而投资回报低，不具备竞争优势；另一方面，虽然我国天然气化工产业加速发展，但是在天然气勘探、开发和市场运营过程中依然缺乏明确健全的法律法规体系，导致天然气化工的发展缺乏基本的法律保障。

天然气是前景广阔的清洁能源，为确保我国天然气化工产业的持续发展，实现能源升级、节能环保的绿色化工，进一步开发利用天然气，充分发挥天然气作用价值已经成为重点命题。目前，我国对天然气的综合利用工艺和技术距离国际水平仍有不小的差距，现阶段面临的主要问题是甲醇、聚甲醛、烯烃和芳烃的制备装备落后，同时能源消耗大、生产规模小、投资成本高。因此我国应积极引进国际先进技术，更要鼓励创新研发新的工艺技术，扩大天然气化工延伸企业的建设。众所周知，天然气直接转化法是天然气化工更为直接有效的绿色技术路径，但天然气高效直接转化是一个世界性难题，其难点包括催化剂的积炭失活问题和甲烷的选择性活化和定向转化

问题等。将天然气转化为合成气仍然是当前工业生产中最成熟的方法，未来工业发展应抓住技术机遇，进行下游产品的间接开发，实现天然气化工反应路线更短、效率更高、过程更低碳的直接法。

❖❖天然气精细化利用

天然气行业及相关企业应加强对天然气原材料的精细化利用、化工衍生物的深度化加工，使天然气化工工业的产业链能够不断延长，增加出厂产品的附加值，实现整个行业的高质量发展。通过不断提升天然气精细化加工水平，减少能源的消耗，降低生产成本，实现产品价值最大化，合成高品质的衍生产品，提高企业的市场竞争力。

能源使用率的提高不仅能增加企业的经济效益，还可以节约能源，解决因能源开采利用而引发的社会问题。政府应大力支持并积极参与到能源高效利用的生产活动中，实行强有力的政策支持，推进发展天然气化工企业，科学合理地约束和管控原材料开发，引导企业健康发展，营造良好的市场氛围。因此，从国家到行业到企业都应该着眼于天然气资源的进一步开发与应用，加大鼓励和支持的力度，在配套相应的政策体系、保障能源安全的基础上，加强国际交流与合作，推动天然气化工工业持续、稳定、创新、蓬勃地发展。

遵循“绿水青山就是金山银山”的发展理念，我国坚持绿色低碳的可持续发展道路，天然气作为一种清洁和优质的能源，具有很强的技术和经济优势。我国应从工业发展的角度全面分析天然气化工的发展现状，科学合理地应用天然气，加强和发达国家的交流合作，不断学习先进技术，提高我国天然气化工技术，实现经济和社会的可持续发展。未来中国天然气需求增长速度将明显超过煤炭和石油，我国应密切跟踪世界天然气先进技术，加大天然气工业自主开发创新力度。

▶▶新能源化工

➡➡新能源资源

新能源一般是指在新技术基础上加以开发利用的可再生能源，包括太阳能、风能、生物质能、地热能、波浪能、洋流能、潮汐能以及海洋表面与深层之间的热循环等；此外，还有氢、沼气、乙醇、甲醇等，而已经广泛利用的煤炭、石油、天然气、水等能源被称为常规能源。随着常规能源的有限性以及环境问题的日益突出，以环保和可再生为特质的新能源越来越得到各国的重视。

新能源普遍具有污染小、储量大的特点，对于解决当

今世界严重的环境污染问题和资源枯竭问题具有重要意义。很多新能源分布均匀，对于解决由能源引发的战争有很大的积极作用。目前美国、加拿大、日本、欧盟等都在积极开发新能源。

我国新能源资源丰富：太阳能资源居世界第二位，可开发利用的风力资源约有10亿千瓦，氢能资源很丰富。但很多新能源如太阳能、风能由于受气候变化的影响，在一定时间内不稳定。因此，为便于新能源产生的电能转化和输送，急需解决电能的储存和优化分配使用问题，以达到“削峰填谷”的目的。

我国新能源使用大致比例如图13所示。

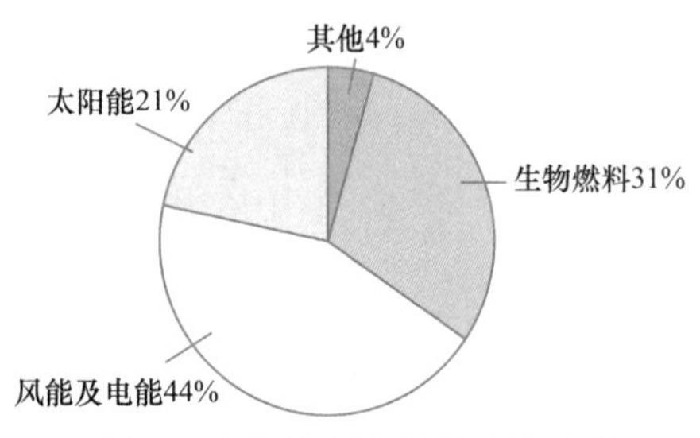

图13　我国新能源使用大致比例

➡➡太阳能及光伏发电

太阳能是世界上最清洁的可再生能源之一，具有普遍性和无害性，储量巨大，是一种取之不尽的清洁能源。太阳能是人类生存和发展最根本的能源形式，人类赖以生存的自然资源几乎全部来源于太阳能。太阳能因其覆盖范围广、无噪声、无污染等优点被认为是可再生能源的主要形式。太阳能作为清洁、廉价且可永续利用的新能源，得到了世界上很多国家的重视，并首先在一些太阳能资源丰富的国家得到大面积推广和应用。当前最主流的光伏（太阳能电池）技术已经受到了广泛关注。

光伏技术是指能直接将太阳能转换为电能的技术，太阳能电池是利用光伏技术将太阳能转化为电能的半导体器件，是人类发展光伏技术的杰出代表作。自人类发明太阳能电池以来，对太阳能电池的研究已经经历了三个阶段，开发出了三代太阳能电池。第一代太阳能电池是硅系太阳能电池，主要包括单晶硅太阳能电池和多晶硅太阳能电池，其中单晶硅太阳能电池有着最高的光电转换效率（＞25％）。自 2003 年以来，石油危机使得人类对单晶硅太阳能电池的投入力度猛增，导致硅材料供应严重短缺，这为薄膜电池的发展提供了有利条件。但是由于生产技术成熟、效率高，硅系太阳能电池仍处于当今光伏市场的主导地位。第二代太阳能电池是多元半导体

化合物薄膜太阳能电池,包括砷化镓(GaAs)、磷化铟(InP)、碲化镉(CdTe)和铜铟镓硒(CIGS)等薄膜太阳能电池,其中CdTe和CIGS这两种薄膜太阳能电池发展最为迅速,目前CdTe薄膜太阳能电池的光电转化效率已达到22.1%,CIGS薄膜太阳能电池的光电转化效率已达到23.4%,超过了多晶硅太阳能电池的转化效率,展现出了巨大的发展潜力,然而,由于镉元素是剧毒元素,会对人类赖以生存的环境造成严重的污染,而铟、镓都是稀有元素,使得CIGS薄膜太阳能电池的制备成本非常高昂,这些因素导致薄膜太阳能电池并不能成为最理想的光电材料。进入21世纪以来,当科学家们发现难以提高单晶硅太阳能电池的效率之后,由澳大利亚Marting Green教授提出了第三代太阳能电池的理念:采用全新的概念,利用清洁的、绿色环保的制造技术,制得高效率的太阳能电池。第三代太阳能电池也称为新型太阳能电池,主要包括有机太阳能电池、染料敏化太阳能电池、量子点太阳能电池和有机/无机杂化钙钛矿太阳能电池。目前我们人类正处于第三代太阳能电池的发展期。

有机金属卤化物钙钛矿材料是一类新型光伏材料,具有优异的光电性质和溶液可处理特性,是一种比较理想的吸光材料。近年来，钙钛矿太阳能电池由于光电转换效率高、制备工艺简单、成本低等特点受到科研者的广泛关注。现如今，在广大科研人员的大力研究下，通过一系列组分工程和结构工程的优化工作，钙钛矿太阳能电池的光电转化效率正在不断刷新，在短短的十多年时间里，其光电转化效率已经由2009年的3.8%升至2020年的25.2%，超过了传统的多晶硅太阳能电池和薄膜太阳能电池的光电转化效率，并逐渐逼近单晶硅太阳能电池(26.1%)的光电转化效率，这是历史上发展最快的光伏技术。

➡➡地热能及热泵

除了太阳能外，地热能作为能被人类开发利用的热能资源，广泛赋存于地质体内部的岩土体、流体和岩浆体内，是地球内部蕴含的巨量的热资源。据国际能源署和我国科研机构估算，全球地热资源足够满足人类两亿年的能源需求。

浅层地热能蕴藏在地表以下200米深度范围内的岩土体、地下水和地表水中，温度低于25℃，可以通过地源热泵换热技术提取利用，是具有开发利用价值的热能。

地源热泵系统是指以浅层地热能为低温热源，由浅层地热能采集系统、换热系统、热泵机组和室内末端设备组成的中央空调系统。热泵是一种利用高位能使热量从低位热源流向高位热源的节能装置，即可以把不能直接利用的低位热源转换为可以利用的高位热源，从而达到节约部分高位热能（如煤、燃气、油、电等）的目的。

《巴黎协定》生效后，中国要积极履行其承诺，到2030年左右实现 CO_2 排放达到峰值、碳强度比2005年下降60%～65%的目标。而长期以来中国的能源消耗以煤炭、石油为主，根据《中国能源统计年鉴2015》发布的2015年能源消费总量和构成数据来看，煤炭占能源消费总量的68.1%，石油占19.6%，而清洁能源和可再生能源所占比重非常小。因此，为完成《巴黎协定》的目标，中国不得不调整能源消费比重，大力发展新能源。

➡➡氢能及氢燃料电池

氢能被誉为21世纪的终极能源，国际能源署的能源战略报告中更是直言21世纪人类将进入“氢经济时代”，其利用途径广泛、前景光明。目前，氢能基于其属性、特点作为氢燃料电池、分布式发电和储能载体应用在日常生活中。

氢燃料电池的工作原理是将氢气的化学能直接转化为电能，具有转化效率高、零污染排放等特点。

氢燃料电池是氢能应用最广泛的领域。一方面，氢燃料电池可以与汽车配套开发氢燃料电池汽车。相较于传统锂电池电动汽车，氢燃料电池汽车具有续航里程长、重量轻、能量密度高、充电时间短等诸多优点。另一方面，氢燃料电池可作为发电设备，为居民、工厂提供电力。用氢燃料电池作为分布式发电电源，在美国、德国、法国等国家早有实践。氢燃料电池分布式能源是将氢燃料电池发电系统、氢存储供应系统和输配电基础设施高度集成的新型电网，它具有提高能源效率、提高供电的安全性和可靠性、减少电网的电能损耗、减小对环境的影响等优势。可用于微电网，有利于扩大分布式电源与可再生能源的大规模接入，为负荷地区提供可靠的供给，实现有效的主动式配电网方式。此外，基于氢能具有储能的优势，氢能还可作为可再生能源的储能载体使用。

由此可见，新能源化工的发展对于环境和可持续发展有着重要作用，煤化工、石油化工、天然气化工和新能源化工在整个化工领域都不是单一存在的独立个体，彼

此制约与促进，互相影响。我国油气短缺、煤炭相对丰富的资源格局决定了上述化工产业将在各自具有比较优势的领域协同发展、长期共存。未来应正确引导其以新发展理念统领全局，走循环经济之路，通过技术创新提高核心竞争力，做大做强现代能源化工，寻找彼此协调发展新模式，做好国家能源结构调整，打破行业壁垒，为国家能源战略技术和产能提供储备，推进能源清洁高效利用，为绿色新型化学工程的发展助力。

化学工程与可持续发展

自然是善良的慈母，同时也是冷酷的屠夫。

——雨果

▶▶传统化工面临的挑战

➡➡化工及环境生态污染

如今的化学工程产业价值数十亿美元，而作为正在向超级大国蓬勃发展的中国，无论是资源、原材料，还是生产技术和投资的可用性，均在国际市场占有一席之地。中国是 21 世纪化工产品生产国之一。化学工程自 1730 年就已经存在，数百年来不断进行适应和重塑，以满足消费者的需求，顺应时代的发展。

传统工业以重化工业为发展目标,需大量消耗能源、材料、资本和劳动力,资源的供应势必会限制传统工业的发展,同时,工业的发展动力是满足人们对物质的需求,而随着社会生产力的提升,物质需求的增长空间有限,势必削弱工业生产的力量。更重要的是,传统化工产业的资源消耗和环境污染均不符合绿色经济可持续发展的需求。煤、石油、天然气等不可再生能源是传统化工的起始原料,随着工业的发展,人们已经逐渐认识到化工资源的匮乏和能源损耗的危机,而化工工艺过程产生的三废和有害化学品对环境生态的破坏也不容忽略。早在2014年,化工污染就被列为环境污染的重点治理对象,根据中华人民共和国生态环境部公报,2014年全国废水中主要污染物(化学需氧量)排放量为2 294.6万吨,废气中主要污染物二氧化硫排放总量为1 974.4万吨、氮氧化物排放总量为2 078.0万吨,全国工业固体废物产生量为325 620.0万吨。

进入21世纪,人类面临的五大基本问题是人口、粮食、能源、资源和环境,面对传统化工对环境的破坏,特别是重金属化学工程对生态造成的破坏,未来可持续发展的绿色化工产业提出三个等级的目标,分别是人类生存、人类生存质量和人类生存安全。系统的绿色发展顶层设计是以“创新、协调、绿色、开放、共享”五大发展理念和“四个全面”生态文明建设为总体方案，我国目前正处于转型发展的关键期，对传统工业的绿色化发展的改造是一项重大课题。与此同时，工程生产过程中的安全问题也不容忽视。无论是对于材料自身不可预见的安全隐患，还是在复杂工艺过程中高温高压反应条件下的安全问题，以及管道设计、设备精细度方面引发的综合性故障，都对化学工业的从事者乃至社会存在一定的安全隐患。

在人们对清洁、绿色环境的呼声日益高涨的同时，国内乃至国际化工公司将不得不寻找新的创新方式来保持其相关性和盈利能力。在传统化学工业生产中，化学反应程度往往受到硬件设备及生产环境的限制，造成大量的资源浪费。由此可见，化学工艺水平和工艺能力将影响化学产品的质量和资源利用率，对技术、能源和经济的发展均存在影响。而工艺水平低下也会造成生产环节的脱节和生产进度的延缓，带来严重的负面影响。现代高新技术产业和信息产业以知识和技术密集为特点，减少了对能源的依赖，微小的芯片从根本上改变了材料消耗的概念，新经济更多取决于知识和接受高等教育的知识型劳动者。高新技术产业和信息化将对化学工程产生结

构性的挑战，从根本上改变传统化工产业的模式。

➡➡绿色低碳化学工业

对于传统化工产业面对的挑战，我们不能仅停留在对现有产业的修修补补上，要及时淘汰不具备技术改造条件的设备并加强投资创新，积极发展新科技，以先进产能驱动产业升级，并积极坚持以下原则：一要坚持清洁高效、绿色发展不动摇。减小污染，加强对环境的治理和关注，提高生产效率。二要坚持转型升级、高质量发展不放松。坚持创新发展道路，改善工程流程，减少高耗能设备，降低成本。三要坚持价值引领、创新驱动不停步。未来十年，应减少破坏环境的生产，将更多精力投入研发。现代化工生产已经在使用先进技术，还需要找到使用新技术的新方法。尽管有很多未开发的领域可以探索，但毫无疑问，必要的创新将在最大限度地减少排放和走向绿色的领域中进行。四要坚持内引外联、合作开放。化工市场竞争日趋激烈。在国内市场上，面临产能过剩和海外低价原料制品竞争的双重压力；在国际市场上，近年来经济低迷特别是疫情过后经济复苏的进程将影响化工产业及其下游产业发展，国际贸易摩擦日益频繁和激烈，要充分利用社交媒体。传统上，化工行业是一个保守的行业，而化工生产商则需要实现战略资源信息现代化以保持相关性。伴随着“一带一路”建设的深入和推进，国际贸易往来频繁，化学工业发展已经成为经济发展的新引擎。

落实生态文明建设、实现绿色低碳发展将成为中国化学工业可持续发展的一项重要任务。当前，中国正努力向“建设生态文明、美丽中国”的目标迈进。在新时代经济和科技的推进下，化学工业将不断发展和进步。在此过程中同样面临诸多挑战和突破，化工企业将迎接加快产业结构调整、增产绿色产品、提升技术发展而带来的挑战，而对于与时俱进的新挑战，社会各界还应积极采取应对措施，进一步提升工程发展水平，促进化学工程的发展，实现化学工业和环境的共生共赢。

▶▶化工与环境保护

环境的组成非常复杂，由一系列彼此相连的环境介质或环境相组成，如大气、土壤、湖泊、河流、海洋、湖底沉积物、湖中悬浮物及水或土壤中的生物体等。容易受到污染的介质或相有表层水、大气等，不容易受到污染的介质或相有深海、岩石层等。

➡➡化工与环境污染

化工是“化学工艺”“化学工业”“化学工程”等的简称，该领域包含无机与有机化工、精细化工、石油化工、冶金化工、化学医药、生物化工、农业化工等诸多行业。化学工业是国家的基础产业和支柱产业，化学工业的发展速度和规模对社会经济的各个部门有着直接影响。化学工业在不断促进人类进步的同时也加剧了环境污染，像人们普遍关注的温室气体排放、酸雨、臭氧层破坏、白色污染、太湖蓝藻、有毒消费品等，都与化学工业的生产过程和最终产品直接相关。因此，实施绿色化工便显得尤为重要。绿色化工从工艺源头上就运用环保的理念，推行源头消减，进行生产过程的优化集成、废物再利用与资源化，从而降低成本与消耗，减少废弃物的排放和毒性，降低产品全生命周期对环境的不良影响。目前，世界各国都在大力推崇绿色化工的理念。

如氢气是一种高效且无污染的理想能源，制取氢气的方法很多。有电解水法：$2H_2O \xlongequal{通电} 2H_2\uparrow + O_2\uparrow$；甲烷水蒸气转化法：$CH_4 + H_2O \xrightarrow[催化剂]{高温} CO + 3H_2$；水煤气转化法：$C + H_2O \xlongequal{高温} CO + H_2$；碳氢化合物热裂法：

$CH_4 \xlongequal{高温} C+2H_2$；设法将太阳光聚焦产生高温使水分解：$2H_2O \xlongequal{高温} 2H_2\uparrow + O_2\uparrow$；寻求高效催化剂使水分解产生氢气。上述方法中，第五种方法设法将太阳光聚焦产生高温使水分解是可行且有发展前途的方法。因为太阳能是取之不尽、用之不竭的洁净能源，且该反应没有废弃物，不会对环境造成污染。第六种方法寻求高效催化剂使水分解产生氢气也是可行且有发展前途的方法。通过采用催化剂，降低了反应活化能，提高了反应速率，降低了反应温度、操作压力，简化了流程。在大规模生产中，这种效应无论是从环境影响方面还是从经济影响方面都是非常重要的。

在社会发展过程中，化工已经深入人类生活、生产和国民经济的各个领域，同时与信息技术、航空航天等高新技术领域相互渗透，共同推动高新科技的发展。一方面，化工的发展为人类的生活改善提供了源源不断的能源和物质基础；另一方面，随着化工领域的迅速发展，大量化学品应运而生，进而造成了很多能源和环境问题，如目前全球的十大环境问题，包括气候变暖、臭氧层破坏、生物多样性减少、酸雨蔓延、森林锐减、土地荒漠化、大气污染、淡水资源紧张和污染、海洋污染、固体废物污染，都直

接或间接地与化学物质污染有关。历史上著名的“八大公害”事件和环境污染息息相关。伴随着全球性环境恶化、能源匮乏和资源的急剧消耗，人们对保护和治理环境问题愈发关注，我国政府也秉持可持续发展的原则制定了一系列措施，积极促进经济的全面发展和生态环境的平衡，其中，化工工业三废的处理与绿色化工具有重要意义。

➡➡化工工业三废及处理

化工工业三废主要是指化工生产过程中产生的废液、废气和废渣，下文将对化工工业三废进行介绍并提出具体的处理技术和方法。

❖❖化工废液

化工废液是化工生产中不需要的液体的统称，化工废液如果直接排入水中会造成水体污染，进而影响人类身体健康，因此在排放前必须进行处理并达到一定标准后才能进行排放。化工生产对环境造成的污染以水污染最为突出，按照调查报告显示，我国污水排放总量中，化工废液排放量占总排放量的20%。

化工废液根据其成分不同主要可以分为重金属废液、强酸强碱废液、含有机物废液、含悬浮物废液等废液。

处理方法主要可分为物理法、化学法、物化法、生物法以及新兴的 MBR 技术、微电解技术与光催化氧化技术。物理法主要是通过破乳、气浮、过滤、离心分离、外加磁场等方法除去废液中的悬浮物或重金属。化学法是利用化学反应实现分离，将废水中呈胶体状态、溶解的污染物质去除，同时转化为无害物质的废水处理方法，包括氧化还原法、化学沉淀法、混凝法等，有效作用于废水深度处理中。物化法是利用加入絮凝剂、电渗析法、离子交换法等来处理废液。生物法则采用微生物代谢作用，将废液中的有机物转化为无机物，但废液往往难以达标，因此常与其他手段进行结合，其中，MBR 技术，即膜生物反应器，就是生物法通过结合膜分离技术，转变了传统二沉池处理工艺，使废液处理效果显著。此外，微电解技术与光催化氧化技术则分别利用原电池效应与光激发氧化的原理达到对化工工业废液的有效处理。

污水处理程度的分级如下：

预处理：一般指工业废水在排入城市下水道之前在工厂内部的预先处理。

一级处理：去除悬浮物，物理法。

二级处理：去除胶体和溶解态有机物，生物法。

三级或深度处理:去除氮、磷、溶解性有机物等。物化法或生物法。深度处理一般以污水回收、再利用为目的。

❖❖化工废气

化工废气具有种类繁多的特点,具体可分为固态污染性废气、无机废气和有机废气(VOCs)。固态污染性废气是指颗粒污染物,无机废气包括二氧化碳、氮氧化物、硫化物等,有机废气则包括烷烃、环烷烃、芳烃等。

近年来,大气 CO_2 含量屡创新高,我国排放 CO_2 超过 90 亿吨每年,燃煤烟道气排放占 60%以上,减排成为重要挑战。CO_2 主要来源于煤、石油、天然气等化石燃料的燃烧。

有机废气也称挥发性有机物,是大气污染及雾霾的重要根源,对环境、国民健康影响巨大,有机气体温室效应更强。化工行业 VOCs 排放量大,接近全国总排放量的 1/3。国家六部委发布《"十三五"挥发性有机物污染防治工作方案》,推进石化、化工等重点行业 VOCs 污染防治。

化工行业挥发性有机物的特点:环境和生态危害大,浓度范围大(0.000 1～0.4),种类复杂(40 多类数百种),

排放流量、温度和压力波动大。VOCs 回收的高成本，使企业应用环保技术和设备的积极性不高，部分企业即使买了环保设备，平时也不运行，存在偷排现象。

工业生产和使用的氯氟碳化合物等物质被释放到大气中并上升到平流层后，受到紫外线的照射，会分解出 Cl·自由基或 Br·自由基，这些自由基会很快地与臭氧进行连锁反应，使臭氧层被破坏。

目前，化工工业废气的处理方法主要可分为化学法、物理法、生物法等。现阶段工业上常用的处理方法是催化燃烧法，这种方法为化学法，主要通过在废气中加入催化剂并使废气燃烧，生成对人体无害的二氧化碳和水。物理法常用于分离固态污染性废气，生物法则通过生物滤池和生物洗涤进行净化处理，这种方法操作简单，但是成本较高，且只能对气体进行选择性吸收，不能完全处理尾气。此外，工业废气的处理方法还有利用气体组分在不同吸附剂上的吸附量随着压力变化而发生变化的特性提纯分离混合气体的变压吸附法、利用微波辐射技术针对化工工业废气主要危害成分进行破坏分解、催化氧化的微波催化氧化法和利用特定光束照射化工工业废气来改变高分子污染物内部结构的光解净化法，此类方法具有废气处理效果显著、经济节能、无二次污染等特点，受

到工业界的广泛关注。

❖❖化工废渣

《中华人民共和国固体废物污染环境防治法》规定，城市生活垃圾、工业固体废物和危险废物统称为固体废物。工业固体废物通常都是化学工业的产物。危险废物的特性通常包括急性毒性、易燃性、反应性、腐蚀性、浸出毒性和疾病传染性。根据这些性质，世界各国均制定了自己的鉴别标准和危险废物名录。这些固体污染物不仅侵占土地，更引起土壤、水体、大气的污染，影响环境卫生，甚至引起感官污染，导致疾病的传播。

化工生产中不可避免地会产生较多废渣，这些废渣具有毒性、有害性、固化性和挥发性等特征，会占用较大空间并污染土壤。在化工发展中，废渣处理依据无害化和资源化这两个主要原则，可分为湿式氧化法、焚烧法、土地填埋法和厌氧消化法等方法。湿式氧化法是在高温加压下，用空气中的氧对含有高浓度（4%～6%）有机物的粪便或下水道污泥进行氧化分解，去除废物中的有毒物质。焚烧法是将污泥或可燃性固体废弃物高温燃烧氧化，使有害物质转化为二氧化碳、水、灰分及其他物质。土地填埋法是将废渣进行一定处理后进行填埋的方法，废渣填埋场应选择具有黏土土质或人工合成衬里的场所，以阻止沥滤液的渗透。厌氧消化法是在厌氧条件下，利用厌氧细菌使污泥发酵，将复杂有机物变为简单有机物，同时产生副产物甲烷，可以用作燃料。

随着人类社会的发展，人们对生活质量的需求不断提高，对于绿色环保理念也越来越重视。为了能够解决化工生产过程中的污染问题，人们提出了绿色化工的概念。绿色化工与普通意义上的环境保护不同，环境保护强调对已被污染的环境进行治理，而绿色化工则强调从源头上阻止污染的生成，即预防污染。可以通过以下措施预防污染：改革生产工艺，包括采用无废或少废技术、采用精料、提高产品质量三个方面；发展物质再循环利用工艺，将第一种产品的废物作为第二种产品的原料，依次推之，既可减少固体废物量，又可达到节约资源的目的，如火电厂建粉煤灰制品厂。

举个例子，有毒有害或挥发性有机溶剂有的会污染水源，因此用无害溶剂来取代它们对环保具有重要意义。超临界流体（SCF）作为一种无毒无害的溶剂引起了人们的广泛关注，特别是超临界 CO_2，即温度和压力均在临界点（31 ℃，7.38 兆帕）以上的 CO_2 流体，其无毒、不燃、价廉、能使许多反应加速并增加选择性，是一种具有广泛应用前景的绿色溶剂。

又比如，可降解材料的涌现。可降解材料主要包括生物降解高分子材料与光降解高分子材料，其中光降解高分子材料是通过在高分子材料，如聚羟基丁酸酯、壳聚糖及衍生物、聚乳酸（PLA）、聚酸酐、聚对二氧六环酮等的制备中加适量的光敏剂得到的，可有效防止“白色污染”的生成。

除此之外，还应综合利用硫铁矿烧渣，可回收铁，剩余部分主要含硅、铝，可用作建材制品；对废胶片进行银回收，对废催化剂进行铂回收，对固体废物进行无害化处理，经消毒、焚烧、热解、氧化还原、固化等处理，将固体废物中的有害组分转化为无害组分或达到排放标准。固体废物管理遵循“减量化、资源化、无害化”的三化原则，即减少固体废物的产生量和排放量；采取管理和工艺措施从固体废物中回收物质和能源，加速物质和能源的循环，创造有经济价值的广泛的技术方法；对已产生又无法或暂时尚不能综合利用的固体废物，经过物理、化学或生物方法，进行对环境无害或低危害的安全处理处置，达到废物的消毒、解毒或稳定化，以防止或减少固体废物的污染危害。

我国经历了长时间的高速发展，环境也因此遭到了一定的破坏，而化工生产中产生的环保问题现在也引起了全社会的关注，因此在化工生产过程中，要本着工业与环境友好发展的理念，将绿色化工与高效的三废处理技术有机结合，实现可持续发展，改善人类的生存环境。

▶▶化工可持续发展

➡➡化工可持续发展的必然性

化学工业泛指生产过程中化学方法占主要地位的过程工业，包括石油化工、基础化工、化学化纤三大类。利用化学反应改变物质结构、成分、形态等，生产人类生活所必需的化学产品，如无机酸、盐、合成橡胶、塑料、农药、化肥、染料、油漆、稀有元素、合成元素等。化工产业是一个多行业集成、工艺流程复杂、配套性强、服务面广的基础产业，是我国国民经济极其重要的基础产业。化学工业具有“数量大、链长、面广”的显著特点，价值链上下游企业覆盖了农业、国防、航运、交通、轻纺、家电等诸多行业，为国民经济 95%的行业提供原料、产品，对众多工业行业具有重大影响，为提高人们的生活质量提供服务。

➡➡什么是可持续发展？

化学工业在现实中存在着许多污染问题。化学工

业，这个“点石成金”的“魔术大师”，为人类创造了前所未有的巨大的财富，满足了人们越来越高的生产和生活要求。但在全球保护环境的呼声日益高涨的情况下，化学工业又首当其冲，成了人们抱怨的罪魁祸首。我们不能因为化学工业的成绩而回避现实中存在的污染问题，也不能因为污染问题而对它全盘否定。正确的态度，应该是从化工污染的特点入手，采取积极的措施，使化学工业能够扬长避短、不断前进。环境污染主要分为大气污染、水污染、土壤污染、放射性污染和噪声污染。环境污染破坏了人们正常的生活环境，严重危害了人体和动植物生长，影响了社会的进步。环境污染物主要是工业生产排出的废水、废气和废渣。化工产品在使用过程中对环境的污染主要体现在对化工产品的不当使用及过度过滥使用上。随着人类环保意识的加强，我国环境污染加剧的趋势开始得到基本控制，部分城市和地区的环境质量有所改善。但当前环境污染的结构却正在悄然发生一个重大的变化：工业污染所占比重趋于稳定并降低，而生活和农业污染比重正在上升。从这一变化中，我们不难看出，化工产品生产过程的污染已引起了人们的足够重视并得到有效控制，而对化工产品使用过程所产生的污染，则有待人们重新进行定位评价。正因为如此，化学工业的可持续发展显得尤为重要。可持续发展是当今社会严肃而重大的课题之一，可持续发展是“既满足当代人的需求，又不对后代人满足其需求的能力构成危害的发展”。实质上包含了两个方面：一是保证环境的可持续发展，不被破坏；二是确立经济发展的必要性。所谓环境的可持续发展是指环境作为资源可被人类持续利用；所谓发展是指经济的增长。可持续发展的关键在于如何去处理经济发展与资源环境的问题。在全球低碳发展和中国政府大力推行生态文明、节能减排的政策导向下，走可持续和绿色发展之路，是中国化工行业应对资源稀缺和环境保护双重挑战的必然选择。具体而言，必须做到如下方面：

❖❖加强节能和环保，走可持续发展的道路

环境保护、有序发展、造福民生、回馈社会、保持生态平衡是我们应尽的责任。我国化学工业面临着经济增长与环境保护的双重压力，集中体现为资源能源利用率低、能源供应短缺和浪费并存，且面临着资源能源利用过程中造成的严重环境污染问题。化学工业是耗能大户，必须遵守“保护资源、节约和合理利用资源”的原则，依靠科技进步挖掘资源潜力，充分利用市场机制和经济手段有效配置资源，节约能源，改善能源供应结构和布局，提高能源利用效率，提高清洁能源比例，实现资源保护和可持

续利用的统一，实现资源开发、资源保护与经济建设同步发展。

❖❖大力推进科技进步，走新型工业化道路

开发并采用效率高、污染少、消耗少的工艺及设备，最大限度地提高原料利用率。为使化工生产工艺充分利用原料和能源，提高生产效率，已开发了一系列新的合成方法与技术，生物化工合成、利用太阳能合成和超临界状态下的化学合成等都取得了很大的进展。高新分离技术是实现清洁生产的重要手段，如膜分离技术是在无相变的情况下实现的，能节能和减少污染物排放。进一步推行资源综合利用，将废弃物进行回收和再利用，推进资源的深加工和综合利用，既可以减少环境污染，又能充分利用资源。开发清洁能源是优化能源结构、改善环境、促进经济社会可持续发展的重要战略措施之一。

❖❖依靠科技进步，合理利用资源

为了保障未来人类的生存和发展，化工技术必须发展闭环控制、实现零排放的新型工艺和废品的回收生产再利用。在化工行业中，技术的发展尤为重要，我们应该加大对新技术的研发，提高化工产业的生产效率。我们的研究重心应该主要在节约资源、节约能源以及对生产完之后废弃物的精心处理等方面，保证整个工作过程合

理且可持续发展。化工产品在生产过程中，通常伴随一定的化学反应，我们应该对其中污染问题较为严重的化学反应采用特殊方法进行处理。尽可能降低化学反应的影响，并能够做到根据发生的化学反应进行预防处理。

可持续发展的根本目标是提高人们的生活质量，保护环境的根本解决措施是从源头开始控制污染。只有向污染预防、清洁生产和废物减量并再利用的方向转型，才能促使化学工业走可持续发展的经济之路。以最低的环境成本、最少的能耗和物耗实现最大经济化为策略，实现真正的可持续发展，这也是化学工业得以长期稳定发展的必经之路。

为了这一发展方向，我国现代化工产业的发展不能为了实现利益而以环境效益和社会效益为代价。

▶▶绿色化工与清洁生产

➡➡清洁生产势在必行

✣✣清洁生产的必要性

随着人类文明进程的推进，现代化建设过程中的环境问题日趋严重，从 20 世纪 70 年代至今，全球经济的快

速发展使得资源的消耗加剧，环境问题也日益凸显。从全球范围来看，因经济发展引起恶性污染和环境破坏的例子屡见不鲜，比如伦敦烟雾事件、日本水俣病事件，至今仍触目惊心。自 20 世纪 80 年代以来，环境问题已成为全球面临的严峻问题，如酸雨、温室效应、臭氧层破坏、土地荒漠化、生物多样性减少等，已经威胁了人类的可持续发展。

为实现人类社会的可持续发展，目前的生产发展模式是需要改变的，仅仅依靠提高污染治理能力的末端治理方法是十分有限的。通过生产技术和管理方式的改变从源头上消除污染是最为理想的，清洁生产的理念也就因此应运而生。

✣✣清洁生产与绿色经济

清洁生产的概念最早于 1960 年由美国化学行业提出，1989 年联合国开始在世界各国陆续推广清洁生产的理念。顾名思义，清洁生产指的是洁净环保的生产方式，虽然在不同发展阶段、不同领域、不同地区会有着不同的定义，但其本质内涵是一致的，即对现有的产品及生产过程采取绿色环保的策略，在满足人类需求的前提下，减少或者消除对环境的污染，是一种绿色经济的生产模式。

清洁生产意义重大，是人们对于过去粗放式发展模式的反思，是人类更加重视经济发展与环境保护的体现，符合人类社会发展的必然趋势。在人类文明的发展历史中，人类生产发展的观念经历了由“先污染后治理”到“防治结合”再到“先预防后生产”的转变。清洁生产这一概念的提出意味着环境保护的战略变被动为主动。首先，清洁生产的核心理念是以预防为主。从产品设计到原料、制备工艺、生产设备的选择、废物处理和管理等环节，借助技术的进步提高原料的利用率和物质的循环利用，减少甚至消除废弃污染物。其次，清洁生产强调的是集约型生产方式。对产品生产的各个环节进行优化，调整产品结构，更新工艺流程，优化生产设备，提升人员素质，实现整个流程的最大资源利用，达到节能降耗、减排增效的目标。最后，清洁生产是实现环境效益和经济效益双赢的必然选择，相对于传统的投入巨大、成本高昂的污染处理方式，清洁生产的不同之处在于找到环境效益与经济效益的结合点，达到共赢。

2015年11月，习近平在气候变化巴黎大会开幕式上郑重承诺：“2030年单位国内生产总值二氧化碳排放比2005年下降60%～65%。”

随着人类社会的快速发展，人类面对的环境问题日

益加剧。从污染物的类别来看，环境污染主要包括水污染、大气污染、固体污染、噪声污染，造成的后果就是生态环境的不断恶化，包括温室效应、酸雨、臭氧层破坏，清洁生产已刻不容缓。

➡➡清洁生产过程及产品

化学工业作为国民经济的支柱产业，与人类社会的发展息息相关，各类化工制品遍布各行各业，可以说绝大多数的环境污染都与化工密切相关。作为世界上最大的化工生产和消费大国，我国的化工行业生产总值居世界首位。目前大众对于化工的印象普遍为高污染行业，认为化工与污染和危险相伴，更有甚者认为“化工行业＝污染＋危险”。这样的想法太过片面，不过也确实反映出化工生产过程中存在的诸多问题。因此，在清洁生产领域，化工的清洁生产是重中之重，2002 年我国颁布《中华人民共和国清洁生产促进法》，2005 年实施《重点企业清洁生产审核程序的规定》，2009 年实施《中华人民共和国循环经济促进法》，这些法令都在法律上明确提出了对于清洁生产的要求。那么，应该如何做到化工的清洁生产呢？简而言之为八字方针：节能、降耗、减污、增效。化工清洁生产主要包括以下几大方面：

清洁的生产过程。尽量选用无毒无害的化工原料，选用洁净环保的新工艺、新技术，通过技术的优化及管理的完善提高物料利用率；研发使用新型化工助剂，提高反应效率，减少废弃物的产生和原料的浪费；优化现有装置和设备或者采用新型装置和设备；开发新的工艺技术，循环利用原料和废弃产物，最大程度减少不必要的浪费和污染物的排出。

清洁的产品。产品在设计时就要考虑原料的合理性，避免使用昂贵而又有害的原料，在生产高质量产品的同时达到降低消耗、减少污染的目的；保证产品在使用过程中对人体和环境的污染最小化；产品的包装要体现节约、环保的理念，可重复循环利用。

清洁的能源。提高常规传统能源利用的工艺和技术，提高节能水平，提高效率，降低能耗；开发利用新能源、可再生能源，提高能源利用率。

清洁的末端处理。对于生产过程中不可避免的废弃产物，要综合利用，尽可能减少排放，降低污染和危害；开发节能、低耗、高效的废物处理工艺和技术，达到排放要求，尽可能将危害降至最低。

因此，清洁生产的含义包括四层：一是清洁生产的目

标是减少污染、节能降耗；二是清洁生产的基本手段是改进现有工艺设备、加强管理、优化产品体系；三是清洁生产的方法是通过审计找到污染环节，确定污染原因，并建立相关环保措施；四是清洁生产的最终目标是实现人与自然的和平相处，在满足生产发展需要的同时实现环境效益最大化。

➡➡清洁生产应用案例

从本质上讲，清洁生产是一种预防性生产方式，在满足生产发展需要的基础上尽可能减少污染物的排除，实现效益最大化。下文以甲酸的制备为例，将其传统工艺和清洁工艺进行对比。

甲酸制备的传统工艺为甲酸胺法制甲酸，包括三大反应过程：甲醇羰基化反应生成甲酸甲酯、甲酸甲酯与氨气反应生成甲酰胺、甲酰胺氨解反应生成甲酸。这种传统工艺存在原料消耗大、能源消耗多、制备工艺复杂的问题，并且副产物不易利用，经济效益不高。

国际团队提出一套清洁的生产工艺流程用于甲酸的制备。首先将甲醇羰基化生成甲酸甲酯，然后甲酸甲酯直接水解生成甲酸，此流程工艺简单、环保高效。国内研究团队从国情出发，以黄磷尾气为原料制备甲酸，首先将黄磷尾气净化得到一氧化碳,再将一氧化碳羰基化生成甲酸甲酯,最后甲酸甲酯水解即可得到甲酸,此工艺流程可以实现甲酸在生产过程的自封闭循环,是一个很好的清洁生产工艺范例,既实现废物利用又产生实际经济效益,实现经济效益与环境效益的双赢。

清洁生产是实现人与自然和谐发展的必由之路,是未来经济发展的必经之路,是实现经济效益与环境效益共赢局面的必要选择。化工行业作为经济发展的支柱性产业、产品制造和能源消耗的大户,更需要早日实现清洁生产。

▶▶微化工技术

➡➡什么是微化工

本书至此之前关于化工过程的介绍均是基于宏观尺度的,而微化工在此概念上与前者不同:微化工是微化学工程与技术,自20世纪90年代发展至今,已成为现代化工学科的一个重要且前沿的分支。微化工着重研究微时空尺度条件下"三传一反"的特性规律,是在微观尺度上透视解构过程,进而实现全组分、全流程的安全、高效、可控的现代化工过程技术。与常见常规的系统尺度对比来

看，随着微反应器内部通道的尺寸缩小，在反应器天然具有的热质传递速率能够得到巨大提升的同时，内在安全性大幅提高、过程能耗显著降低、集成度提高而带来的放大效应减小、系统物质热量等条件可控性增强等均是其优点。这些改变对整个系统提高目的产物的选择性及收率以及资源能源的综合利用率有极大帮助，进而对实现化工过程全流程的节能减排和可持续性发展具有重要意义。具体到实际的生产经验上，可实现快速且平衡进行强吸放热反应的等温操作、两相间快速且均匀混合、易燃易爆等高危险性苛刻条件化合物合成、剧毒强腐蚀化合物的现场生产等，因此具有良好的实际应用前景。近十年来，微化学工程与技术的应用基础研究发展迅速，已逐步成为过程强化领域的典型范例——微化工技术。在微化工系统中，尺度变化带来的时空特征尺度微细化进一步表现为化工过程特性的变化，规则与尺度对传统的“三传一反”理论提出了新挑战。在当今前沿化工研究中，大量学者对微尺度结构以及反应瞬态表/界面效应影响的研究，为深入认识这种全新的过程规律提供了新视角。

➡➡微化工的特点和优势

利用连续操作模型展开的微通道反应器内化学反应

过程的研究在过去的十几年中发展迅速，尤其在传统能源及新能源、药物制剂及衍生品、高端高附加值精细化学品、高性能及军事级炸药、化工全合成中间体的合成反应过程中得到广泛关注。请大家思考：微通道反应器相比传统大化工流程反应器具有哪些优势？哪些具体的反应和生产适合在微通道反应器系统进行？通过了解和系统学习，阐明这些问题，将有助于大家从理论和技术层面上更深入地理解和体会微化工技术的研究优势和未来发展方向，同时使工业界能够借助微化工技术和生产思维来提高具有尖端竞争力的技术水平，为自身发展提供新契机。

在传统化工工业的发展中，疫苗制剂及高附加值药物成分、精细化学品和化工中间体的合成大多在间歇型釜式反应器内进行，其操作灵活，容易主动适应不同的操作体系和条件，故适于小批量但品种多、反应时间及间歇较长的产品，尤其是精细化学品与生物化工产物的生产以及有固体存在的生产反应过程。但其也存在明显缺陷，如装卸料等辅助操作具有不确定性且附加耗时、过程间歇且无连续性，同时传统釜式反应器无论在宏观还是微观上热质传递能力均较弱，导致批次不同的同种产品质量稳定性差，尤其面对强吸放热反应的控制能力差。

微化工系统集成度很高，“麻雀小、五脏全”，包含化工单元操作所需要的混合器、换热器、吸收器、萃取器、反应器和对应工段反馈及集成控制系统等。作为微化工技术核心部件的微反应器，在专业内被称为微尺度反应器或微结构反应器，其中的物质流动具有微流动特征，这是因为微化工器件的内部通道特征的物理尺度处在微尺度范围(10～500 纳米)，这个数据及其数量级远小于传统反应器的特征尺寸，但对分子反应和合成的水平而言，该尺度依然十分“宏观”，故利用微反应器几乎不能改变原有体系内的反应机理和相关的本征动力学特性。微反应器是通过改变流体的传热、传质及反应进行条件下的流动特性来强化化工过程的。

❖❖微化工强化传递效果

任何化工传递过程都要经过边界层，传递过程的快慢在一定程度上可以被认为和单侧或双侧的边界层厚度呈反比。边界层的厚度或等效厚度在目前是一个很难定量统计分析的概念，故很难进行真实的计算模拟，但是有一个定性的结论：在物理尺度中，边界层厚度绝无可能大于流道尺寸。流道尺寸越小条件下的边界层厚度越薄，传递过程越快。因此减小流道尺寸对所有的传递过程，如传热(热交换)、传质(萃取及气体吸收)等都有原理性的强化作用。这是微反应器中的反应速率常常能比常规反应器中的反应速率明显更快的原因。

✣✣微化工增大传热界面

不难理解,任何一个设备都有比表面积这一概念,这个尺度的参数在很大程度上会影响到传热过程。比如说在一个体积有限的设备内,反应放出的热量与反应器内部装填了多少与反应相关的物料有关,故可以说其内部的反应放热同反应器的体积成正比。但是这些热量的移除却是与反应器表面积相关的,因为热量传递的过程依赖的是热交换表面:换热面积越大,同样的传热温差下单位时间传递的热量越多。在实际生产的条件下,为了维持一个反应器内部的温度恒定,反应放热与同时间内的热量移除量必须守恒。比表面积越大,反应器的散热能力越好,反应器温度越容易快速与外界维持稳恒关系。假设反应器是圆柱体,在体积一定的条件下,反应器的比表面积与直径是成反比的。工业生产用常规反应釜一般直径在1米左右,实验用的反应瓶直径为80～100毫米,而微反应器直径最大也不会超过3毫米。也就是说,微反应器的移热能力最高可以是常见工业反应釜的1 000倍。这也很好地解释了为什么一些反应在反应釜里升温很快,被视作非常危险的反应,但是在微反应器内却可以安

全、平稳、成功地进行。

❖❖微化工的平推流动

常规的搅拌釜里的流态是全混流，从反应工程的角度来看这是一种低效的形式，因为绝大多数反应的反应级数均为正数，反应底物浓度越高，反应越快速。在全混状态下，底物浓度和出口浓度为同一概念，数值相等，而对于一般工艺要求，反应器出口浓度很低，这就导致反应器整体在整个反应流程内要在低浓度下保持运行一段时间，致使总体反应效率很低。而在管式反应器与微反应器内部，流体近似呈平推流动——反应器内浓度沿反应器轴向分布，系统内部仅有出口浓度为反应工艺要求，反应器内的平均浓度是高于搅拌型反应器的，这种条件进一步提高了反应效率。

❖❖微反应器的数量放大

在微反应器适应生产的过程中，可以通过数量放大实现规模的工业化。在这种情况下，单个工业的生产条件和小试的条件几乎完全相同，从根本上避免了在放大过程中产生的不利放大效应，可以有效缩短整体的研发流程。

从前文的介绍与分析来看，微反应器适用于某些剧烈的化学反应和明显放热的化学反应，同时剧烈的化学反应一般都容易生成副产物，借助平推流状态能够最大限度地抑制副反应的发生。此外，对于非均相的气-液、液-液、液-固过程，微反应器提供的过程强化作用都能够有效地提高反应效率。

当然，微通道反应器自身也有许多不足之处，主要体现在以下几点：第一，不能使用固体。无论是反应需要借助催化剂颗粒，还是反应自身会产生固体，都会堵塞流道孔道。目前一般认为，微通道内颗粒直径的上限在几十微米。第二，压降大(液体通过微通道压降很大)。这几乎是不可避免的，因为任何传质强化过程都是利用能量置换效率的。第三，设备大型化困难。现阶段研究测试中的微反应器如果采用康宁路线单板，一般通量在千吨每年左右，仍难以满足大宗产品的生产要求，故微反应器目前的应用还局限在高附加值的产品上。

面向21世纪的化学工程

人类也需要梦想者，这种人醉心于一种事业的大公无私的发展，因而不能注意自身的物质利益。

——居里夫人

▶▶中国化工高等教育面临的挑战

➡➡化工人才所需能力

近些年来，环境污染、生产安全等问题导致了整个社会对化学工业的误解和偏见，把化学工业污名化、排斥化，这在某种程度上是由社会大分工导致的行业隔阂所造成的。若无正向良好的引导和对技术发展的普及，随着社会发展，这种隔阂将会越来越严重。

单从这次新冠肺炎疫情看，在整个疫情防控、病人救治等过程中，化工化学产品在任何环节都发挥着重要作用：从核酸检测、抗体检测的试剂到医护人员的隔离服、口罩、防护眼镜，从医疗药物到消毒剂，都是化学工业的产品。若没有现代化学工业，在新冠肺炎等疾病面前，人类将面临严峻的考验。

传统的化工领域如石化等确实已发展到一个顶峰，但现代新型交叉学科的发展为化工产业的下一步发展指明了方向，在新型材料如新型医疗耗材、芯片用材料如光刻胶、食用级涂料等领域，我国的技术和国际先进技术还有很大差距，这正是当代从事化学领域工作的年轻人甚至是从事化工的教育者们都应承担的历史使命。

南京工业大学通过研究膜结构与烧结温度的匹配关系，开发出低温烧结和多次陶瓷膜集成制备的共烧结技术，解决了陶瓷膜分离作为节能技术与自身材料制备高耗能之间的矛盾；大连理工大学创制了 8 个含高反应率的活性基团染料新品种，提升了大分子新型染料的固色率，实现了化学固色喷墨打印技术；清华大学、中科院大连化学物理研究所等近年来围绕微尺度反应体系进行研

究，大规模实现了颗粒直径可调且粒径分布窄的纳米材料制备，该技术产品可控、利用率高、能耗低且放大效应小……由此可见我国高等教育对化学工程的重视程度和综合实力发展。不仅如此，我国化工学科已经初步建成从理论基础到工业化规模生产的科技创新教育体系，先后批准设立了化工技术一级学科博士站点20余个，批准了6个国家重点实验室和数十个国家级工程中心及企业技术中心，形成了世界规模最大的化工高等教育。

尽管中国高等教育的规模正在逐步扩大，但是由于对学科认知度不够和社会大背景对专业存在误解，工科专业，特别是以化学工程为代表的传统工业对青年一代的吸引力逐渐衰减。如果这一问题得不到解决，势必对我国工科教育和工业生产乃至国民经济造成难以挽回的损失。

前文提到我国在化学工程领域已经具备较强的综合实力，但根据化工高等教育学会对化学工程专业毕业生的调查，我国化工教育得分均与世界平均值存在差距，有较大提升空间。

➡➡激发化工教育的兴趣

化学工程涉及的科学领域的研究范围非常宽泛，相关产品种类多、数量大，关系到人们的衣食住行乃至视听享受等方方面面，是提高人类生活质量的不可或缺的“工程载体和桥梁”，而人类的需求和愿望也就成为化工科技创新的永恒动力。炼油、石化、煤化工、建材、冶金、有色金属、制药、环保等工业的创新与发展都离不开化学工程的助力。产品与过程工艺的研发、设计与放大在工业化生产中是极具发展前景的，利用化工反应与分离单元的基本操作实现工业生产是化工相关课程的授课目的。化学工程专业的人才，可以进入基础化工、冶金、炼油、能源、医药、轻工、材料及环境等部门工作，具有良好的就业前景。化工产业是化学工程学家和化学工程师极具前景的科学研究和创新发展的舞台。无论是高等学校，还是社会企业，都应注意教育和培养学生或员工从化工产业的继承者转变为化工产业的创新者。通过扩大学科内涵，高校应积极改进教学体系、课程设置和教学方法，充分进行教学互动等创新，使化学工程教育质量迈上一个新台阶，让学生切身感受到学习化学工程的重要性、应用性和发展前景，真正实现学有所长、学有所值、学有所用，以教育的振兴促进化学工业的可持续发展。

化学工程是关系国民经济的基础产业，与人类生存

和发展密切相关，也是服务于大量工业生产的基础学科，能创造巨大的社会财富。在中国，以石化为代表的各类化工产业，2019 年产值占国民经济总产值的 17%以上。也许很多当代青年对计算机、软件工程、金融与管理、艺术文化类的专业更为熟悉，而对化学工程的认知却停留在废液、废气、废渣和工厂污染的层次，实际上化学工程还涉及纳米技术、生物技术、信息处理技术、微电子技术等前沿科学技术的研究，这些都是化学工程学科的新生长点。因此要传达给青年学者，化学工程是一门充满神奇生命力的学科，是一个可以满足有志向的莘莘学子创新发展、创造财富、实践技术多样化的理想学科。

对化学工程学科的宣传和教育应从中学开始，强化优秀学子对化工的熟悉度和认知感，使他们从小就向往、学习并热爱化学工程，使他们认识到学习化工的广阔职业前景和学科的专业化，让枯燥的化工专业知识融入简单的生活中。例如，讲解伯努利方程能量转换时，解释“水往低处流”这一大家熟悉现象的原因，阐明蒸汽喷射泵、文丘里管等设备都是利用能量转换这一工作原理；解释棉衣晾晒后保暖性好的原因是气体的导热系数比很小，管道的保温材料避免被雨水打湿，道理也是如此；解释酒的制作工艺少不了蒸馏，晾晒衣服实际就是干燥学，雨后空气清新是大自然的湿法除尘。通过列举学生熟悉的日常现象，解释这些现象的化工原理，从而激发学生对于化学工程学科的好奇心和事业心，将化工生产中应用理论解决问题的思维方式潜移默化地传授给学生。此外还应提倡资深教师和工程师、企业家开展科普讲座，在大学创办夏令营、举办学科交叉讲座，使青年人充分认识化工学科对社会不可磨灭的贡献及其深邃的学科内涵和学术魅力。

放眼世界，能源与环境是全球危机问题，也对化学工程的振兴和创新提供了挑战和机遇。应大力发展化学工程教育，强化化学工程实践和生产创新的环节，从师资建设到体制创新，对学生实行更有针对性的教育。《中国教育改革与发展纲要》中明确提出："世界范围的经济竞争、综合国力竞争，实质上是科学技术的竞争和民族素质的竞争。从这个意义上说，谁掌握了面向21世纪的教育，谁就能在21世纪的国际竞争中处于战略主动地位。"因此，研究面向21世纪我国高等教育的改革是当务之急，具有深远的战略意义，对于中国化工高等教育的改革刻不容缓。

▶▶化工创新人才培养

➡➡化工人才特色培养实践

提升国家经济水平,增强国家综合实际的核心竞争力,加大培养实干创业型、适应国家经济社会发展需求的各类工科技术创新人才是建设创新型国家、走新型工业化道路的必然选择。

化学工程人才培养方案,要解决的首要问题是如何处理好现阶段教育理论与工作时间脱轨的问题。为此,应以科学发展观为指导思想,坚持“育人为本、德育优先、以全面素质教育为目标”的教育方针。通过教育和行业、高校和企业的密切合作,加大实践教学改革力度,努力提高工程实践教学的水平和层次,全面推进化工专业的建设,进一步提升化工专业的教育教学质量,在提高学生就业和专业发展竞争力的同时,全面培养个人综合素质。

沈阳化工大学组建了“优创班”“卓越工程师班”“京博班”并制订了“3+1”培养计划,不难发现,我国现阶段化工专业人才培养的重点除了必要的公共通识实践、学科基础实践以及学科特色实践之外,更侧重科学研究能力、实验实践能力及化工设计能力等的培养。应用型人才应具备较强的动手能力和技术思维能力，并有解决生产中突发问题的能力和应变力，这需要强大的学科知识作为基础，因此要把提高学生的能力和思维作为培养核心，顺应经济社会发展的需求，关注人才培养的应用性、行业性、实践性。

化学工程学科既有高度概括的抽象理论，又有相当丰富的工程实践知识，同时还包含了利用这些知识解决实际工程问题的方法。要想培养适应时代发展和企业需求的应用型技术人才，迫切需要深入开展围绕工程应用能力培养的课程改革与实践。在此方面，经大量教育家和高校学者研讨，提出应用型人才培养创新模式，将理论教学与生产实践紧密联合，强化实践环节，切实提高教学质量，才能培养行业需要的优秀应用型工程技术人才。

➡➡化工创新人才培养强化

早在2000年10月，教育部就已经批准将“化工类专业创新人才培养模式、教学内容、教学方法和教学技术改革的研究与实施”项目立项为“新世纪高等教育教学改革工程”项目。21世纪需要的是具有政治见地、创新意识精神、扎实的专业基础和较强的实践能力的全方面综合发展的人才，培养创新人才的素质教育已成为我国的教育

方针，大学本科教育是培养创新人才的基础教育，是终身教育的重要阶段。

随着科技的发展，化工产业的扩张和跨学科发展日益显著，已经是高新技术不可或缺的一部分了。化工学科已从过去的宏观层次逐步发展为介观（泡、滴、粒、团）、亚微观（界面、纳米）、微观（分子）及大宏观（环境、资源、能源等的全球可持续发展）的多层次学科。在人才培养方面，应加强基础性和普适性，不拘泥于专业界限，分层次培养，对于本科生可以弱化专业深度而扩大专业广度，增加跨学科和新兴学科的知识含量，以便更好适应科技的发展进步。同时伴随着我国教育全球化发展趋势和国际交流日益明显的情况，推行国家化工工业与本科教育接轨的培养方案，积极发展国际交流合作，培养学生的人文素质、创新精神和创新能力，才能培养出更好地适应国际市场经济发展的全能型人才。

创新人才培养是我国当代本科教育的重点，而作为创新人才培养的核心，本科生的素质教育是不可忽视的。为确保人才培养的质量，使毕业生能更好地适应企业工作、满足国家发展的需求，人才培养方案应坚持以科学发展观和社会主义核心价值观为指导、以国内经济转型为背景、以市场需求为导向，对学生加强可持续发展和创新能力的培养，强化能动性和所学专业知识的应用性，使学生的专业性、动手能力、综合素质等多方面得以协调发展，理论联系实际，将所学到的知识应用到实际的生产生活中，在理论知识与实践的相互转化中完成个人能力的提升。

培养符合时代发展需要的具有较高综合素质的应用型人才是高等教育义不容辞的职责。社会在发展，学生情况在不断变化，教学内容、方式、手段也要不断探索，不断改革。因地制宜，因材施教，以培养学生的工程应用实践能力和工作创新能力为目标，改革教学内容，创新教学方法，使教学内容灵活多样化，提高学生的学习兴趣，强化实践环节，切实提高教学质量，才能培养出符合行业发展需求的优秀应用型工程技术人才。

▶▶化工专业学生的未来与发展

➡➡光明的化工行业就业前景

化工专业涉及生活的方方面面，就业范围也十分广泛，基础化工、材料、医药、食品、机械、能源、制造业、轻工业、重大装备设计、安全工程、核电工业、建筑、环保、生物、科研、教育、商业、公共管理等行业都有化工毕业生的身影。

化学工程专业的学子毕业后对应的行业便是化学工业，作为一级学科，化学工程涵盖化学工程与技术、化学工艺、生物化工、应用化学、工业催化等二级学科，是一个较为全面的学科。

✣✣化工行业就业原则

对于广大高考学子，选择专业无外乎四个原则：一是兴趣原则，选择自己喜欢的、感兴趣的方向；二是优势原则，选择自己擅长的专业；三是创造原则，衡量所选专业毕业后从事工作是否具有创造性，而不是简单的机械劳动；四是利益原则，针对社会环境大背景下的分析，看这个专业是否好就业、有收益，个人长期职业规划是否有发展、有潜力。

化学工程专业的发展是顺应社会和经济建设的需求，培养多方面工作的高级工程技术人才：具备化学工程的基础理论和基本技能，在精细化学品绿色合成方向、新能源材料、环境友好催化技术等领域具有扎实的专业知识储备和开发技能，能在基础化工、材料、能源、炼油、轻工、医药、环保和军工等领域从事生产操作、分析检测、化学工程设计、技术开发、工程设计、生产管理、科学研究等。

✣✣化工行业就业与全球经济发展

2019年3月11日，第四届联合国环境大会开幕之际，国际化工协会联合会(ICCA)发布了有关化学工业对全球经济的贡献的分析报告，报告显示，化学工业几乎涉及所有的生产行业，通过直接、间接和诱发影响估计为全球国内生产总值(GDP)做出了5.7万亿美元(全球GDP的7%)的贡献，并在全球范围内提供了1.20亿个工作岗位。

ICCA理事会秘书兼美国化学理事会(ACC)总裁兼首席执行官卡尔·多雷表示："化学工业在世界各地的长期业务所发展和产生的创新，帮助扭转了人类历史的潮流。随着时间的推移，化学品制造商已成为全球经济不可或缺的一部分，同时也成为改善全球人民生活的技术的关键推动者。这项报告明确表明，化工行业对全球GDP的贡献是不可替代的，它是技术就业机会的来源以及联合国可持续发展目标所反映的可持续发展的环境、社会和经济方面进展的主要推动因素。"

该报告的关键结果包括：化学工业为全球GDP增加了1.1万亿美元，雇用了1 500万人，使其成为全球第五大制造行业；化学工业每产生1美元，全球经济其他地方

便又产生 4.20 美元；2017 年，化工企业在供应商身上的花费估计为 3 万亿美元，购买用于制造产品的商品与服务。供应链支出估计为全球 GDP 做出了 2.6 万亿美元的贡献，并提供了 6 000 万个工作岗位；全球化学工业估计在研发方面投资了 510 亿美元，提供了 170 万个工作岗位，并为 920 亿美元的经济活动提供了支持；对 GDP 和就业贡献最大的是亚太区的化学工业，它创造了行业 45％的年度经济总价值，并提供了 69％的工作岗位。欧洲做出的重要贡献紧随其后（1.3 万亿美元的 GDP 贡献总额，1 900 万个工作岗位），随后是北美（8 660 亿美元的 GDP 贡献总额，600 万个工作岗位）。

欧洲化学工业委员会主席马可·门辛克说："这项新分析强调了化学工业在推动经济增长和为全世界数百万人创造机会方面所起的重要作用，但化学工业的影响远远超出了其经济价值。通过化学品管理战略方针（SAICM）与联合国环境规划署合作，我们全身心致力于通过化学品的生产、运输、使用和处置建设安全管理化学品的能力，并在 45 个国家举办了 230 多次研习班。"ICCA 委托牛津经济研究院详细评估了化学工业对全球经济的贡献。该报告旨在全面考察化学工业的经济足迹——化学品的生产不仅为化学工业的活动提供支持（直接影响),还为整个供应链其他众多行业的活动(采购半成品所支持的间接影响)以及工资融资效应(化学工业及其供应商所雇用工人的消费支出所造成的工资影响)提供支持。

日本化学工业协会主席 Hiroshi Watanabe 说:"化学工业制造的产品通过提供清洁的水和可能的可再生能源、先进的医疗、稳定和有营养的食物供应、回收技术等来改变人们的生活。通过把握我们业务、研究和产品的经济价值,我们现在看到了我们的产业对当今社会的全部积极影响以及我们在创造通往更可持续未来的道路方面所发挥的重要作用。"

我国石油化工行业经济在金融危机/企业生产经营困难的大背景下呈可观的经营形式。据国家统计局提供的 2020 年 9 月份经济数据显示,在信贷和内需扩张的拉动下,大部分行业平稳回升。第一,行业产值回升步伐明显加快,截至 2020 年 9 月底,9 月份全国石油化工行业实现总产值 6 139.7 亿元,同比增长 3.3%,结束了 2019 年以来连续 9 个月负增长的局面,9 月份增长速度比上月加快了 9.5%。1～9 月份,累计全行业实现总产值 4.68 万亿元,降幅比 1～8 月份收窄了 1.7%。第二,主要产品的产量继续快速增长。2020 年 9 月份,在重点跟踪

的60余种石油和化工产品产量中同比增长的占90.3%，下降的占9.7%，增速超过10%的达到了71%，其中原油加工同比增长14%，乙烯同比增长29.4%，化肥同比增长13%，农药同比增长29.2%，轮胎同比增长26.7%，合成树脂、合成纤维分别同比增长25.5%、21.9%，涂料、染料、燃料分别同比增长13.8%、34.9%和48.4%。第三，部分大宗产品需求保持回升势头，从表观消费量看，2020年1～9月份，原油同比增长3.3%，乙烯同比增长3%，甲醇同比增长37.8%，增速有所放缓，但继续维持强势。三大合成材料同比分别增长25.9%、19.3%、17.8%，国内成品油销售量同比增长3.9%。目前统计的是表观消费量，但是销售率没有这么高，表观消费量有一点掩藏了问题。第四，主要石化产品价格反弹，根据2020年9月份国家统计局公布的1 000多种石化产品价格指数分析，石油化工行业当月价格总指数是85.8，自金融危机以来首次回升，全行业价格指数大幅度反弹，主要是石油价格上升推动的，2020年9月份国内原油价格指数环比上涨11.8%，在家电、纺织、汽车等行业回暖拉动下，合成材料市场总体出现平稳回升的趋势。2020年9月份，合成材料价格总指数比2020年8月份提高2.4%。第五，化工行业投资继续快速增长，2020年1～9月份累计全国石油和化工行业固定资产投资 6 893 亿元，同比增长 11.5%，其中化工行业投资同比增长 28.1%，磷肥增长 92.6%，农药行业增长 33.3%，涂料染料行业增长 39.2%，橡胶制品增长 29.6%。第六，行业利润回升步伐逐步加快，2020 年 1～8 月份全行业实现利润 2 961.94 亿元，降幅比 2020 年 1～5 月份缩小 11.2%，其中橡胶工业特别是轮胎行业利润一枝独秀，2020 年 1～8 月份行业利润同比增长 95%。总体来说，化工行业就业形势将越来越好，整个化工产业处于发展回暖中。

✣✣化工行业新兴就业渠道

除了传统石油化工呈现经济复苏的大好局面之外，化学工程也在其他新兴领域蓬勃发展。在中国建材集团新材料"智造"闪耀 2018 年世界制造业大会上，宋志平介绍："集团新材料业务发展方面取得重大进展。除传统新材料石膏板、玻璃纤维继续技术升级取得佳绩外，近几年又发展了高档碳纤维、超薄电子玻璃、铜铟镓硒和碲化镉薄膜发电玻璃、锂电池隔膜、高精工业陶瓷五大新材料，而且都实现了量产，并开始产生经济效益，新材料业务利润达 70 亿元。"此外集成电路材料、通信电缆、光纤材料、存储材料、磁性材料、医用材料、新型农药、新型化肥、汽车电池材料、建筑材料等都是国家急需且具有较好市场

前景的热点领域。对比行业发展、国计民生的需求和各高校的研究方向、论文成果，不难发现从就业角度而言，化工在石油、食品、医药等领域存在巨大的刚需应用。

大学生就业问题不仅和每一个高校毕业生的切身利益相关，也关系着毕业生的家庭，更关系着我国的稳定发展和实现中国梦的大局。1999 年以来的高校扩招，在为社会培养了更多高素质人才的同时，也带来了严峻的大学生就业难的问题。

➡➡化工就业行业分布

表 1 为 2021 年预计秋招数据统计的行业分布，职位量需求排名前十的行业中，石油/化工/矿产/地质、新能源、制药/生物工程都是化工领域重要分支学科，其他专业也与化学工程有着密不可分的关系。

表 1　2021 年预计秋招数据统计的行业分布

行业类别	职位量	占比
石油/化工/矿产/地质	3 400	20.5%
新能源	3 100	18.7%
电子技术/半导体/集成电路	2 100	12.7%
制药/生物工程	1 800	10.9%
原材料和加工	1 700	10.3%

(续表)

行业类别	职位量	占比
医疗设备/器械	970	5.9%
环保	922	5.6%
建筑/建材/工程	908	5.5%
学术/科研	838	5.1%
贸易/进出口	810	4.8%*

注：*差减法。

在传统的化工企业内部，通常分为技术型和管理型两种人才晋升模式。其中技术型人才对于专业对口程度相对有着更高的要求，一般从事研发类工作；而对于管理型人才，企业更看重的是人才对项目的把控能力、与团队的协作能力以及领导能力等综合素养。化工学子们未来会有很多机会在行业内的不同分支、不同岗位上得到发展。从工作性质来看，大多数化学工程专业毕业生从事的工作类型是科研、技术支持和销售方向。科研方向可以选择外企、国企、民营企业或者高校、研究所等，当然对学历要求也会相对较高，发展前景较好，是国家经济发展和综合实力的关键支柱；技术支持对背景要求较高，需要一定的经验和资历积累，需要脚踏实地地积累技术基础；销售岗位相对平台更多，对学历要求没有科研那么高的

门槛。对化工原材料的辨别必须建立在扎实的专业基础之上，否则无法向客户诠释产品性能，因此化工贸易人才基本都是化工专业出身的，熟知外贸规则，兼备单位业务能力和一定的人际沟通语言表达能力，其后续发展空间因人而异，基本成长路线是从业务员到销售主管及经理总监等。作为一门知识范畴广的研究应用型学科，找准市场切入点，化学工程专业还是有很大发展前景的。再者，很多咨询或金融行业对于项目的评估也需要一定的工程背景。

在党的十八大明确提出“鼓励青年创业”和“以创业带动就业”的战略思想后，国内大学生的就业形式越发多样化，自主创业的毕业生数量日益增多，创新创业教育也日益受到人们的重视。李克强总理在2014年夏季达沃斯论坛、2014年首届世界互联网大会、2015年政府工作报告等场合频频阐释“大众创业、万众创新”的内涵，使创新创业再次成为政府的政策指向，也为创新创业教育提供了优质的外在氛围。有了外在氛围的支持，创新创业教育才拥有了持续发展的驱动力，才能在复杂的社会环境下生存并持续发展。《2019年中国大学生就业报告》显示，大学生毕业半年后自主创业的比例已达2.7%，毕业

3 年后自主创业的比例高达 6.2%。

除了在择业就业方面具有选择宽、专业强的优势，国家对化工行业的自主创新、资源的综合利用、环境保护和能源替代等诸多方面提出了具体要求，这不仅为化工行业的规范性发展创造了条件，也为学生创业和就业提供了良好的机遇。调查表明，化工类应届毕业生的就业率高达 93.1%，其中民营企业吸纳了多达 81%的毕业生。但是，学生的就业满意度低至 67%，有 40%的学生在毕业后 3 年内选择了转行。与之相比，本科毕业后从事自主创业的人群，3 年后平均月收入高达 11 882 元，明显高于同届本科毕业生的平均水平。化工类人才培养必须注重创新创业教育，只有实现创新创业教育与专业课程教育的有机融合，才能培养出顺应行业需求、符合成长规律的创新型人才。

➡➡化工与制药大类专业

化工行业是人类社会发展的重要基础，是经济建设的重要支柱。促进化工行业蓬勃发展的关键在于高素质专业人才的培养。

我国的化工行业和世界先进水平相比是所有工业门

类中差距较小的行业之一，大连理工大学的化学工程学科已进入世界大学学科排名前千分之一。大连理工大学化工学院每年为社会培养大量的人才，是我国高端化工人才培养的摇篮，历史悠久，底蕴深厚。有一级学科国家重点学科1个、二级学科5个；省重点学科一级学科2个、二级学科11个。大学期间学生主要学习的专业领域包括化工与制药类（化工、制药与新材料工科实验班）[含化学工程与工艺、化学工程与工艺（国际班）、制药工程、高分子材料与工程]、化工与制药类（创新班）[含化学工程与工艺、制药工程、高分子材料与工程]、过程装备与控制工程[含过程装备与控制工程、安全工程]、应用化学（强基计划、理学）。

大连理工大学的化工与制药类专业依托化学和工程学国家"双一流"建设重点学科建设，学科设有硕士点、博士点和博士后科研流动站，拥有精细化工国家重点实验室、基础化学国家实验教学示范中心、国家级化工综合实验教学示范中心等优质教学、科研资源，为培养高素质、创新型人才提供了有力保障。

化工与制药类设有化学工程与工艺（含化学工程与工艺国际班）、制药工程、高分子材料与工程3个专业。

第一学年按大类培养，第二学年开始分专业学习。

化学工程是研究化学工业和其他过程工业生产中所进行的化学过程和物理过程共同规律的一门工程学科。在化工设计、冶金、新型材料、软件模拟、制药工业、食品、日化、电池、汽车制造、新能源、半导体行业、生物化工等领域发挥着重要的作用。

化学工程利用一流研究型大学和化学工程与技术一流学科以及精细化工国家重点实验室等优质资源，培养具有人文素养和创新精神，具备宽厚化工知识基础，掌握现代化工技术，具有在化工、能源、材料、医药、环保、信息与国防及相关领域从事科学研究、技术开发、创新设计等方面能力的高素质创新人才，使之能够成为社会主义事业德智体美劳全面发展的高水平建设者和高度可靠接班人。

化学工艺是以产品为目标，研究化工生产过程的学科。培养具备国际化视野和跨文化背景下沟通能力，具有人文素养和创新精神，具备化工宽厚理论知识基础，掌握现代化工前沿技术，具有在化学工程、制药工程、精细化工、石油化工、新能源、新材料等行业和领域从事工程科学研究、新技术研发、工程创新设计等方面能力的高素

质创新型人才。目的是为化学工业提供技术上最先进，经济上最合理的方法、原理、设备、流程。化学工艺在能源、炼油、轻工、医药、军事化工、环保等领域有广泛的应用。

精细化工是生产精细化学品工业的通称，精细化学品指凡能增进或赋予一种(类)产品一特定功能或本身拥有特定功能的小批量、多品种、高技术含量、高附加值的化学品。精细化工专业就业领域广，涉及 40 多个行业和门类。

催化化学对人类社会的发展和进步起着深远的影响，现代化学工业的巨大成就与催化剂的使用是分不开的。约 90%以上的化学工业产品借助于催化过程进行生产。该专业毕业生可在高等院校、科研及设计院所、企业集团(如石油化工系统、精细化工厂、制药厂、化肥厂等)从事本学科及相邻学科的教学、科研、设计和工程技术及管理工作。

电化学工程属于材料科学与物理化学及化学工程的交叉学科，就业领域广泛，包括化工、汽车、冶金、材料、电子、机械、能源、生物、环境、力学、建筑等。

材料化工是一门新兴的交叉学科，是现代材料科学、化学和化工领域的重要分支，是发展众多高科技领域的基础和先导，旨在培养学生系统掌握纳米材料与功能材料设计、制备与表征基础理论及专业知识，综合解决材料规模化、工业化生产中的化工技术问题。该专业毕业生主要从事光电信息、石油化工、轻工、工程塑料和特种复合材料、新能源材料相关工作以及环保、市政、建筑、消防等领域内行业的质量检验、产品开发、生产和技术管理等方面的工作。

制药工程是一个化学、生物学、药学和工程学交叉的专业，以培养从事药品研发制造，新工艺、新设备、新品种的开发、放大和设计人才为目标。该专业毕业生主要从事各类药物开发、研究、生产质量保证和合理用药等方面的工作。

高分子材料与工程专业是化学、化工和材料学相互交叉结合的专业，旨在培养掌握扎实的高分子材料与工程基础理论知识和高分子材料合成及加工技术、具有较强工程实践能力的高分子材料与工程专业创新型高级工程技术人才。该专业毕业生可从事高分子材料及相关的石油化工、汽车、电子电气、航空航天和能源等领域的科

学研究、教学、技术开发及相关管理工作。

化学工程专业的主干课程包括化工原理、化工热力学、化学反应工程、化工工艺学、化工过程分析与合成、专业实验、化工导论、化工设计、化工传递过程、化工机械基础、化工仪表及自动化、化工设计，其中化工原理、化工热力学、化学反应工程、化工工艺学是化学工程专业的核心课程。化工原理课程主要解决化工流程中的反应问题、化工流程中的物理问题（包括传热、传质、动量传递方面的物理性质问题）、单元设备问题（蒸馏塔、换热器、压缩机、加热炉、过滤机、反应器）以及单元操作问题（加热、冷却、吸收、萃取、粉碎、干燥、造粒、混合、分离）；化工热力学课程旨在培养学生解决化工流程中的热力学问题，包括热力学数据（反应器等用）、气液平衡（精馏塔用）、反应平衡计算的问题，该课程也是化工原理、化学反应工程、化工分离过程等课程的基础和指导；化学反应工程课程解决化工流程中的化学反应设备问题，主要是反应器的放大与优化设计，进行反应的质量平衡、热量平衡等计算，需要化工热力学数据及反应动力学数据；化工工艺学课程涉及工艺包的主要内容，意在解决化工流程中的工艺流程选择与设计问题，包括原料路线、原料预处理与回收方案、溶剂选择与回收方案、催化剂选择、换热与节能方案、反应器类型选择、反应条件选择、反应物料分离方案、产品精制方案、三废处理方案、公用工程供应方案、过程自动控制方案、流程单元设备选择等。除了应具备化学工程的基础知识以外，化学工程专业的学生还应具有扎实的数学基础，将化学工业与工程数学(微分方程)、工程物理学(热力学和流体力学)结合，从而形成以化工原理为基础的化学工程学科。

➡➡化工专业就业案例分析

大连理工大学不仅重视学生专业能力的培养，还注重拓宽学生的国际视野。化工学院与美国、日本、德国、英国、加拿大、澳大利亚、瑞典、韩国等国外知名大学、研究机构或公司建立了39个联合研究中心，建立了科技合作和人才培养交流关系，定期选派优秀的研究生出国学习和交流。近五年来，化工学院学生共计1 209人次进行了境外交流活动：151名留学生互访，地域涵盖欧洲、亚洲、北美等地区，是大连理工大学短期国际交流项目最多的学院。鼓励多种类型的学生进行国际交流访学，例如优秀研究生、优秀学生干部、学术之星、科研成果突出等类型的学生组成团队。多所访问学校位于US News的前100名，给予大力度经费资助，扎实推进国际化发展，

争取机会，创设条件，积极拓展国际交流，使更多学生有条件拓宽国际视野。

下文将以大连理工大学、厦门大学和浙江大学为例，介绍化学工程专业的就业情况。

❖❖大连理工大学

表2为大连理工大学化学工程专业本科毕业生去向统计，不论是在国内市场还是放眼世界，化学工程专业都是热门学科，化学工程专业毕业生遍布世界各个化学化工领域，升学和就业都是不错的选择。数据统计，本科毕业生读研深造与就业比例几乎为1∶1。深造院校国内方向包括清华大学、北京大学、浙江大学、复旦大学、天津大学、大连理工大学、中国科学院、同济大学、厦门大学等，国际方向包括宾夕法尼亚大学、多伦多大学、伊利诺伊大学香槟分校、东京大学、卡耐基梅隆大学、华盛顿大学、约翰·霍普金斯大学、佐治亚理工学院、墨尔本大学、西安大略大学、卡尔斯鲁厄大学、大阪大学等；就业方面，包括中国石油天然气集团公司、中国石油化工集团公司、中国第一汽车集团公司、基恩士（中国）有限公司、埃克森美孚公司、中国特种设备检测研究院、云南白药集团等知名企业。2016—2020年大连理工大学化学工程专业硕士毕业生主要去向见表3。

表 2　大连理工大学化学工程专业本科毕业生去向统计

年级	总人数	升学	出国	就业
2019 届	63	28(44%)	5(8%)	30(48%)
2018 届	62	26(42%)	3(5%)	33(53%)
2017 届	55	24(44%)	7(12%*)	24(44%)

注：* 差减法。

表 3　2016—2020 年大连理工大学化学工程专业硕士毕业生主要去向

类型		就业单位/就读院校(填写人数最多的 5 家单位的人数及比例)				
就业(不含升学)	企业	英特尔半导体(大连)有限公司	万华化学集团股份有限公司	中国石油化工股份有限公司	上海和辉光电有限公司	中冶焦耐(大连)工程技术有限公司
	人数及比例	36(5%)	34(4.7%)	28(3.9%)	15(2.1%)	12(1.7%)
升学	境内	大连理工大学	天津大学	中科院大连化学物理研究所	清华大学	北京大学
	人数及比例	144(91.1%)	3(1.9%)	2(1.3%)	2(1.3%)	1(0.6%)
	境外	瑞典(瑞典皇家理工学院)	日本(东京大学)	瑞士(瑞士联邦理工学院)	英国(帝国理工学院)	美国(加利福尼亚大学伯克利分校)
	人数及比例	2(5.6%)	2(5.6%)	2(5.6%)	1(2.8%)	1(2.8%)

为党和国家培养社会主义合格建设者和可靠接班人是一流学科建设的根本目的之一。大连理工大学化学工程专业在人才培养上结合国际化培养、创新型人才培养、新工科人才培养三种方式，推进化工人才培养内外部环境协同，提高学生的创新创业和工程实践能力，培养高素质创新型人才。因此也走出了众多优秀校友，活跃在社会各行各业的赛道上，为祖国建设和发展做着自己的贡献，在这其中也有化学工程与工艺专业走出的莘莘学子。

除了教育、科研、医疗及各大企业单位，本学科还通过对学生开展就业引导，深植家国情怀教育，培育出大批优秀毕业生，急国家之所急，或是投身于祖国中西部地区，或是在核工业、石油、石化等行业中发光发热。近五年，40％以上的毕业生选择在东北和中西部地区就业，接近50％的研究生选择在教育、医疗卫生、科研设计和国有企业等重点行业工作，贡献青春力量，在艰苦行业中用不怕吃苦、敢为人先的奉献精神彰显了大连理工大学化工人的责任担当。

✣✣厦门大学

厦门大学化工专业本科毕业生流向各行各业，就业范围广泛，就业类型多样。这在一定程度上缓解了化工专业本科毕业生就业难的问题。解决就业难的问题，除了应关注就业率，更应关注就业质量。就业质量是一个衡量大学生就业状况的综合性概念，有多种指标体系。一般包含就业率、行业类型、单位性质、工作岗位、薪资水平、工作满意度等。厦门大学化工专业 2011～2016 届本科毕业生就业率见表 4。

表 4　厦门大学化工专业 2011～2016 届本科毕业生就业率

年级	本科毕业生数	初次就业率	待业人数	暂不就业
2011 届	99	89.9％	1	9
2012 届	96	89.6％	0	10
2013 届	75	86.7％	3	7
2014 届	67	100％	0	0
2015 届	66	92.4％	1	4
2016 届	58	87.9％	3	4

从厦门大学化工专业存档资料中查询，2011～2016 届本科毕业生共 461 人，每一届本科毕业生的初次就业率(每年 6 月份的统计)在 86％ 以上，其中 2014 届本科毕业生达到 100％ 就业。暂不就业的本科毕业生占一定比例，其主要原因是准备出国留学或拟考研升学。待就业的本科毕业生每一届不超过 3 人，说明本科毕业时还在

求职中的学生人数很少。厦门大学化工专业本科毕业生的就业率较高，整体呈现积极乐观的形势。

从签约单位地区看，厦门大学毕业生到东部地区就业的占比较高，主要流向福建（含厦门）、广东、北京、上海、浙江等省份，这与厦门大学所在区域、经济社会发展、生源结构等有密切关系。这几年，厦门大学加大向西部地区、基层地区的人才输送力度，2011～2016届本科毕业生西部就业16人，西部就业比例为3.8%。从问卷反馈数据可以看出，厦门大学化工专业本科毕业生中约有3.8%选择出国留学深造。厦门大学本科毕业生流向地区分布（大于1%）见表5。厦门大学本科毕业生的就业行业类型见表6。

表5　厦门大学本科毕业生流向地区分布（大于1%）

流向地区	人数	比例
福建（包括厦门）	156(74)	45.6%(21.6%)
广东	46	13.5%
北京	24	7.0%
上海	22	6.4%
浙江	15	4.4%

（续表）

流向地区	人数	比例
江苏	9	2.6%
贵州	7	2.0%
天津	7	2.0%
云南	5	1.5%
河南	4	1.2%
湖北	4	1.2%
江西	4	1.2%
山东	4	1.2%
新疆	4	1.2%
国外	13	3.8%

表6　厦门大学本科毕业生的就业行业类型

就职单位的行业类型	人数	比例
制造业	73	21.3%
其他	70	20.5%
科学研究和技术服务业	49	14.3%
金融业	47	13.7%
教育业	35	10.2%
信息传输、软件和信息技术服务业	21	6.1%

（续表）

就职单位的行业类型	人数	比例
批发和零售业	14	4.1%
文化、体育和娱乐业	10	2.9%
水利、环境和公共设施管理业	6	1.8%
交通运输、仓储和邮政业	5	1.5%
房地产业	5	1.5%
电力、热力、燃气及水生产和供应业	4	1.2%
居民服务、修理和其他服务业	3	0.9%

从表6中可以看出，化工专业本科毕业生的工作去向基本上涵盖了各行各业，这体现了该校培养的本科毕业生可以适应各种行业的工作。但本科毕业生去向占比最多的行业是制造业以及科学研究和技术服务业，这些行业与所学的知识密切相关，本科毕业生工作后可以学以致用，能更好更快地适应工作。

厦门大学化工专业本科毕业生流向各行各业，就业范围广泛。在就业排名前15名的单位中，就业于各大银行的毕业生比例约为5.0%，根据校友反馈，厦门大学化工专业校友在金融证券业已取得斐然的成绩。厦门天马微电子有限公司、中国中化集团公司、比亚迪股份有限公司、厦门金达威维生素有限公司、厦门象屿股份有限公司、中国石油化工集团公司、深圳新宙邦科技股份有限公司等单位都因其所设工作岗位与化工专业有一定的相关性而录用了6.7%的化工专业毕业生，其中生产液晶显示屏的厦门天马微电子有限公司更是以其区位优势招聘了7名毕业生，录用人数排名第一。在厦门航空、普联技术等公司，由于一些岗位不限专业，厦门大学化工专业本科毕业生也凭其较高的综合素质而得到用人单位的认可和青睐。厦门大学持续推动毕业生到重点行业和领域就业。2011～2016届本科毕业生到国家经济建设、科技教育、社会管理、国防和国家安全及其他社会发展事业的重要行业、关键领域及战略性新兴行业等单位就业的人数为157人，占本科毕业生签订协议人数的46.0%。

厦门大学化工专业本科毕业生的工作岗位见表7。从数据可以看出，厦门大学化工专业毕业生的工作岗位最多的是技术岗位（27.2%），其次是营销岗位（15.5%）。这反映出毕业生更倾向于找与自己所学知识相匹配、能综合运用技能的技术岗位。从各个岗位的人数分布情况来看，毕业生可以适应各种岗位，表明厦门大学化工专业本科毕业生综合素质较高。

厦门大学化工专业本科毕业生毕业几年后的薪酬5 000元每月以上的占60.5%，其中5 000～8 000元每月的占34.2%，8 000～10 000元每月的占11.7%，10 000元每月以上的占14.6%。这表明，该校化工专业本科毕业生在毕业后1～6年的职业发展情况总体良好，薪酬福利都处于较高的水平，有很多优秀的毕业生薪酬待遇很高。薪酬福利在某种程度上可以反映出工作能力，这体现出化工类专业有很多毕业生工作能力强。

表7　厦门大学化工专业本科毕业生的工作岗位

工作岗位	人数	比例
生产管理岗位	19	5.6%
行政岗位	42	12.3%
生产岗位	16	4.7%
技术岗位 （工艺开发、工程设计、技术研发等）	93	27.2%
营销岗位	53	15.5%
服务岗位	31	9.1%
教学岗位	20	5.8%
其他	68	19.9%

70.8%的厦门大学毕业生满意现在的工作，其中比较满意的占51.2%，非常满意的占19.6%，但也有4.1%的

毕业生不满意现在的工作。这表明大多数毕业生都能找到适合自己的工作岗位,发挥自己的价值。

综合以上分析,厦门大学化工专业2011～2016届本科毕业生的就业质量整体较好,就业率较高,毕业生流向广泛,流向地区分布以我国东部发达地区为主,就业类型涵盖制造业、科学研究与技术服务业、金融行业等各行各业,能运用在校所学专业知识,能胜任工作岗位,并获得良好的薪资报酬和较高的工作满意度。

在大学生就业难的严峻形势下,厦门大学化工专业本科毕业生连续六年保持良好的就业质量,这应归功于其不断创新的人才培养模式、高质量的第二课堂教育和精准的就业指导服务。

❖❖浙江大学

浙江大学化工类专业2017～2019届毕业生就业率呈上升趋势,从整体上看,2019届毕业生就业率最高,超过99%;2017届毕业生就业率最低,这表明化工类专业毕业生的就业前景向好,社会对化工类专业毕业生的需求依然旺盛。从学历层次上看,硕士研究生的平均就业率最高,维持在100%。

就业类型主要包括签约就业、国内升学、出国(境)、其他形式就业、未就业共五类。灵活就业、自由职业、自主创业等均计入其他形式就业。对浙江大学化工类专业2017～2019届毕业生就业类型的分析表明,签约就业仍为就业类型的主体,但近三年签约就业的比例从74%下降到68%,而国内外升学比例呈上升趋势。

化工类专业毕业生越来越注重学历层次的提升,而硕士研究生的就业口径更宽、起点更高、待遇更好、选择更多,因此越来越多的本科毕业生选择国内外升学深造。辛晓等对全国石油和化工行业的人力资源情况调研表明,近三年企业职工队伍的学历结构发生了明显变化,整体学历层次不断提升。因此,从企业的角度分析,社会对化工类人才的学历要求提高也可能是更多毕业生选择继续深造的原因。

对签约单位性质的分析表明,毕业生就业呈现出三大特点:一是民营企业仍是毕业生主要的就业去向,45%左右的毕业生进入民营企业工作;二是赴国企、央企就业的比例逐渐超过了三资企业,国企、央企成为除民营企业之外的第二大就业去向;三是进入党政机关工作的比例不断上升。

浙江大学于2018年制定了《关于促进毕业生服务国家战略工作的实施意见》，布局选调生、国防军工、国企、央企等重点就业引导方向。在学校战略、政策、环境等多重因素的影响下，化工类专业毕业生服务国家战略的意识进一步提升，申请选调生和赴国企、央企就业的比例不断提升。

2020年政府工作报告中指出，要加快落实区域发展战略，继续推动西部大开发、东北全面振兴、中部地区崛起、东部率先发展。四大区域发展战略分别与西部地区、东北地区、中部地区、东部地区相对应。从毕业生签约单位的地域分布来看，约九成毕业生集中在东部经济发达地区就业，其中五成毕业生留在浙江省内就业。中部地区和东北地区就业人数占比保持相对稳定。

近三年，70%左右的化工类专业毕业生从事与专业相关的工作，专业相关度较低的包括金融行业、会计行业、房地产行业、政府部门、高校党政管理部门等。大多数化工类毕业生选择在化工行业建功立业，同时有较多的跨行业发展的机会。95%左右的毕业生对工作表示满意，仅有少数毕业生感到不满意。从整体看，用人单位对化工类专业毕业生的专业水平、忠诚度、沟通协调能力、

领导力等评价较高。

“悟已往之不谏，知来者之可追。”尽管过去化学工程的发展破坏了环境，但也需要通过化学工程的专业知识把破坏的环境改善回来，并获得长期稳定的发展。化工是一个始终处于中青代、具有旺盛的生命力、灵活创新的思维型行业，前景不可限量。未来科技高速发展，越来越多的高科技都将借助化学工程造福人类，化学工程专业将承载着一届届化工人的期待，带领化工人在科研中潜心学术、志在创新、追求卓越、服务国家，为国家培养高级化工人才而努力奋斗。

参考文献

[1] 杨鹏飞，于艳红.化工类大学生创新创业教育的问题与对策[J].现代盐化工·科学与文化，2020(6)：171-172.

[2] 杨连利，黄怡，张卫红. 校企联手对我校化工技术专业学生绿色化工理念的渗透[J].皮革与化工，2014，31(3)：30-33.

[3] 黄木河，杨家麒，刘俊杰. 化工专业本科毕业生就业质量分析与就业服务研究——以厦门大学化工专业 2011～2016 届本科毕业生为例[J].化工管理，2018，1：6-9.

[4] Li Z，Zhang J，Zang S，et al. Engineering controllable water transport of biosafety cuttlefish juice solar

absorber toward remarkably enhanced solar-driven gas-liquid interfacial evaporation [J]. Nano Energy,2020,73: 104834-104845.

[5] Jiang X,Shao Y,Li J,et al. Bioinspired hybrid micro/nanostructure composited membrane with intensified mass transfer and antifouling for high saline water membrane distillation[J]. ACS Nano 2020,14(12): 17376-17386.

[6] Luo Z, Wang Y, Kou B. “Sweat-chargeable” on-skin supercapacitors for practical wearable energy applications[J]. Energy Storage Materials, 2021, 38: 9-16.

[7] 崔克清. 安全工程大辞典[M]. 北京:化学工业出版社,1995: 253.

[8] 潘珍燕,石勇. 中国天然气化工技术现状及发展方向[J]. 石油化工应用,2020,39(11): 14-16.

[9] 华贲. 低碳时代石油化工产业资源与能源走势[J]. 化工学报,2013,64(1): 76-83.

[10] 张增凤,丁慧贤,熊楚安,等. 以现代企业需要为导向构建煤化工专业人才培养体系[J]. 煤炭技术,2012,31(5): 1-3.

[11] 李燕,黄嘉晋,易均辉. 基于应用型专业人才培养的化工原理课程教学改革[J]. 山东化工,2016,45(18):154,161.

[12] 王国胜,裴春民,于三三,等. 化工专业人才培养模式创新研究[J]. 山东化工,2015,44(3):120-121,124.

[13] 余国琮,李士雨,张凤宝,等. 化工类专业创新型人才的培养——"化工类专业创新人才培养模式、教学内容、教学方法和教学技术改革的研究与实施"项目成果简介[J]. 化工高等教育,2006(1):8-11,7.

[14] 夏淑倩,张金利,傅虹,等. 培养化工类专业创新人才的探索[J]. 化工高等教育,2010(3):10-12,62.

[15] 张小晟,沈律明,杨牧. 高校化工类毕业生就业现状分析与就业指导工作体系构建[J]. 化工高等教育,2020(4):21-25.

[16] 中化新网. 报告:化学工业为全球GDP做出5.7万亿美元贡献[J]. 中国洗涤用品工业,2019(5):92-93.

“走进大学”丛书拟出版书目

什么是机械？ 邓宗全 中国工程院院士
哈尔滨工业大学机电工程学院教授（作序）
王德伦 大连理工大学机械工程学院教授
全国机械原理教学研究会理事长

什么是材料？ 赵 杰 大连理工大学材料科学与工程学院教授
宝钢教育奖优秀教师奖获得者

什么是能源动力？
尹洪超 大连理工大学能源与动力学院教授

什么是电气？ 王淑娟 哈尔滨工业大学电气工程及自动化学院院长、教授
国家级教学名师
聂秋月 哈尔滨工业大学电气工程及自动化学院副院长、教授

什么是电子信息？
殷福亮 大连理工大学控制科学与工程学院教授
入选教育部“跨世纪优秀人才支持计划”

什么是自动化？ 王 伟 大连理工大学控制科学与工程学院教授
国家杰出青年科学基金获得者（主审）
王宏伟 大连理工大学控制科学与工程学院教授
王 东 大连理工大学控制科学与工程学院教授
夏 浩 大连理工大学控制科学与工程学院院长、教授

什么是计算机？ 嵩 天 北京理工大学网络空间安全学院副院长、教授
北京市青年教学名师

什么是土木工程？ 李宏男 大连理工大学土木工程学院教授
教育部“长江学者”特聘教授
国家杰出青年科学基金获得者
国家级有突出贡献的中青年科技专家

什么是水利？ 张　弛 大连理工大学建设工程学部部长、教授
教育部“长江学者”特聘教授
国家杰出青年科学基金获得者

什么是化学工程？
贺高红 大连理工大学化工学院教授
教育部“长江学者”特聘教授
国家杰出青年科学基金获得者
李祥村 大连理工大学化工学院副教授

什么是地质？ 殷长春 吉林大学地球探测科学与技术学院教授(作序)
曾　勇 中国矿业大学资源与地球科学学院教授
首届国家级普通高校教学名师
刘志新 中国矿业大学资源与地球科学学院副院长、教授

什么是矿业？ 万志军 中国矿业大学矿业工程学院副院长、教授
入选教育部“新世纪优秀人才支持计划”

什么是纺织？ 伏广伟 中国纺织工程学会理事长(作序)
郑来久 大连工业大学纺织与材料工程学院二级教授
中国纺织学术带头人

什么是轻工？ 石　碧 中国工程院院士
四川大学轻纺与食品学院教授(作序)
平清伟 大连工业大学轻工与化学工程学院教授

什么是交通运输？
赵胜川 大连理工大学交通运输学院教授
日本东京大学工学部 Fellow

什么是海洋工程？
柳淑学 大连理工大学水利工程学院研究员
入选教育部“新世纪优秀人才支持计划”
李金宣 大连理工大学水利工程学院副教授

什么是航空航天？
万志强 北京航空航天大学航空科学与工程学院副院长、教授
北京市青年教学名师
杨　超 北京航空航天大学航空科学与工程学院教授
入选教育部“新世纪优秀人才支持计划”
北京市教学名师

什么是环境科学与工程？

陈景文 大连理工大学环境学院教授
教育部“长江学者”特聘教授
国家杰出青年科学基金获得者

什么是生物医学工程？

万遂人 东南大学生物科学与医学工程学院教授
中国生物医学工程学会副理事长（作序）

邱天爽 大连理工大学生物医学工程学院教授
宝钢教育奖优秀教师奖获得者

刘　蓉 大连理工大学生物医学工程学院副教授

齐莉萍 大连理工大学生物医学工程学院副教授

什么是食品科学与工程？

朱蓓薇 中国工程院院士
大连工业大学食品学院教授

什么是建筑？ **齐　康** 中国科学院院士
东南大学建筑研究所所长、教授（作序）

唐　建 大连理工大学建筑与艺术学院院长、教授
国家一级注册建筑师

什么是生物工程？

贾凌云 大连理工大学生物工程学院院长、教授
入选教育部“新世纪优秀人才支持计划”

袁文杰 大连理工大学生物工程学院副院长、副教授

什么是农学？ **陈温福** 中国工程院院士
沈阳农业大学农学院教授（作序）

于海秋 沈阳农业大学农学院院长、教授

周宇飞 沈阳农业大学农学院副教授

徐正进 沈阳农业大学农学院教授

什么是医学？ **任守双** 哈尔滨医科大学马克思主义学院教授

什么是数学？ **李海涛** 山东师范大学数学与统计学院教授

赵国栋 山东师范大学数学与统计学院副教授

什么是物理学？ **孙　平** 山东师范大学物理与电子科学学院教授

李　健 山东师范大学物理与电子科学学院教授

什么是化学？ 陶胜洋 大连理工大学化工学院副院长、教授
王玉超 大连理工大学化工学院副教授
张利静 大连理工大学化工学院副教授
什么是力学？ 郭　旭 大连理工大学工程力学系主任、教授
教育部“长江学者”特聘教授
国家杰出青年科学基金获得者
杨迪雄 大连理工大学工程力学系教授
郑勇刚 大连理工大学工程力学系副主任、教授
什么是心理学？ 李　焰 清华大学学生心理发展指导中心主任、教授(主审)
于　晶 辽宁师范大学教授
什么是哲学？ 林德宏 南京大学哲学系教授
南京大学人文社会科学荣誉资深教授
刘　鹏 南京大学哲学系副主任、副教授
什么是经济学？ 原毅军 大连理工大学经济管理学院教授
什么是社会学？ 张建明 中国人民大学党委原常务副书记、教授(作序)
陈劲松 中国人民大学社会与人口学院教授
仲婧然 中国人民大学社会与人口学院博士研究生
陈含章 中国人民大学社会与人口学院硕士研究生
全国心理咨询师(三级)、全国人力资源师(三级)
什么是民族学？ 南文渊 大连民族大学东北少数民族研究院教授
什么是教育学？ 孙阳春 大连理工大学高等教育研究院教授
林　杰 大连理工大学高等教育研究院副教授
什么是新闻传播学？
陈力丹 中国人民大学新闻学院荣誉一级教授
中国社会科学院高级职称评定委员
陈俊妮 中国民族大学新闻与传播学院副教授
什么是管理学？ 齐丽云 大连理工大学经济管理学院副教授
汪克夷 大连理工大学经济管理学院教授
什么是艺术学？ 陈晓春 中国传媒大学艺术研究院教授